EUGÈNE MULLER

EN FAMILLE

CHEZ LES FLEURS

Ouvrage contenant 195 Illustrations

PARIS

LIBRAIRIE CHARLES DELAGRAVE

15, RUE SOUFFLOT, 15

SOCIÉTÉ ANONYME D'IMPRIMERIE DE VILLEFRANCHE-DE-ROUERGUE
Jules BARDOUX, Directeur.

EN FAMILLE
CHEZ LES FLEURS

PREMIÈRES NOTIONS DE BOTANIQUE

PAR

EUGÈNE MULLER

Ouvrage contenant 195 illustrations.

DEUXIÈME ÉDITION

PARIS

LIBRAIRIE CH. DELAGRAVE

15, RUE SOUFFLOT, 15

1892

I

COMMENT FUT FAIT CE LIVRE

Un jour de l'année dernière, je me promenais dans la campagne avec un ami. Voyant que, tout en causant, je me baissais de temps en temps pour cueillir une fleur ou pour l'observer de plus près :

« A ce qu'il me semble, dit-il, vous êtes botaniste.

— Oh ! simple amateur !

— N'importe ! La botanique est une science dont je crois comprendre tout l'agrément. Je n'ai jamais pu trouver le temps de m'y livrer; mais j'ai toujours désiré la connaître, car, n'est-il pas vrai? le botaniste ne se borne pas, comme bien des gens le pensent, à mettre des noms sur des herbes d'aspects divers?

— Non. Les plantes, comme les animaux, nous offrent toutes sortes de curieuses observations à faire par la beauté, l'élégance de leurs formes, les détails de leur organisation, et aussi, comme les animaux, par ce que j'appellerais volontiers leurs mœurs et coutumes. Chacune d'elles a sa façon de vivre particulière, de croître, de fleurir, de fructifier, de choisir son séjour, et que sais-je encore?... A vrai dire, la première chose à faire est bien d'apprendre à les nommer, pour les distinguer les unes des autres; mais on ne s'en tient pas là.

— Dites-moi, est-ce bien difficile d'apprendre la botanique?

— Non, un peu de bon vouloir peut suffire pour commencer; ensuite une application plus grande est commandée par les résultats intéressants qu'on obtient.

— Pour commencer, dites-vous; mais voyons, vous, comment vous y êtes-vous pris? Sans doute un excellent livre fut votre premier guide; puis vous suivîtes les herborisations de quelque professeur renommé?

— Point du tout : j'eus, étant encore enfant, pour tout livre quelques simples fleurs des champs, et pour professeur un brave vieux voisin tout perclus, cloué dans un fauteuil, et par conséquent hors d'état d'être suivi en herborisation. Il usa d'ailleurs d'un assez singulier procédé pour m'initier à cette science, qui avait été un des charmes de son existence, et dont il disait tant de bien qu'il m'avait inspiré une forte envie de la posséder. Il avait été convenu, un soir d'hiver, que nous nous en occuperions quand viendrait le printemps. Au premier beau jour, le vieux voisin me dit : « Va « voir aux champs si tu peux trouver une fleur, une « seule, n'importe laquelle ; apporte-la-moi, et nous « causerons. » J'allai voir aux champs, je ne trouvai qu'une giroflée, à la fente d'un vieux mur, en plein midi... Je l'apportai au vieux voisin ; et nous causâmes pendant quelques instants avec la fleur devant nous.

« Quelques jours plus tard, le vieux voisin me dit : « Va m'en chercher une autre, rien qu'une, n'importe « laquelle. » Je fis comme il m'avait dit ; et nous causâmes encore quelques instants. Et ainsi quinze ou vingt fois, pendant le cours de la belle saison. Et quand, l'automne venu, j'eus ainsi rapporté quinze ou vingt fois des fleurs, n'importe lesquelles, au vieux voisin, et que nous eûmes autant de fois causé quelques instants, en ayant les fleurs devant nous, le vieux voisin me dit : « Remettons au printemps prochain la « suite de nos causeries. »

« Mais, dans le courant de l'hiver, le vieux voisin dut quitter le pays, pour aller habiter chez un de ses

enfants. Comme vous pensez bien, je me montrai vivement contrarié de ce départ, qui interrompait une
étude à laquelle j'avais pris grand goût. Alors le brave
homme me dit : « Je regrette comme toi cette inter-
« ruption forcée de nos causeries; mais je suis con-
« vaincu que, si tu le veux bien, tu peux maintenant
« continuer sans moi l'étude de la botanique. Je t'ai
« fait faire connaissance avec un membre de chacune
« des principales familles des plantes communes dans
« nos champs; tu dois être en état d'entrer en rela-
« tions avec les autres, à l'aide d'un livre. Tiens, voilà
« une bonne *Flore* du pays, c'est-à-dire un volume où
« sont classées et décrites toutes les plantes de nos
« champs. Tu vas certainement très bien te tirer
« d'affaire tout seul. »

« Et le vieux voisin avait dit vrai. Le printemps
revenu, je me mis à l'étude avec le livre pour seul
guide.

« Je n'ai jamais eu d'autres leçons. Et maintenant
pourtant, quand je vais à travers champs, ma promenade est singulièrement agrémentée; car à chaque
pas il me semble rencontrer, dans les moindres plantes,
des personnes de connaissance, qui prennent pour moi
une physionomie distincte.

— Fort bien, fit mon ami; mais puisque ce procédé
fut bon pour vous, ne pourrait-il l'être également pour
d'autres?

— J'entends : me substituer au vieux voisin, en
recherchant dans mon souvenir ses leçons, que j'espa-
cerais selon la venue normale des fleurs qui en furent
l'objet. Au lieu des fleurs que j'apportais, j'aurais des
figures très fidèles. C'est un essai à tenter.

— Eh bien, tentez-le. »

Je le tente donc, en publiant des causeries qui
porteront toujours sur des plantes dont chacun sait le
nom, et qui sont très facilement trouvables à l'époque
où elles seront mises en cause.

Que ceux des lecteurs qui voudront suivre ces entretiens se nantissent — chose facile — des plantes en
question ; et peut-être ni eux ni moi n'aurons-nous
perdu notre temps.

[illegible]

II

LES PORTE-CROIX

(MARS)

Aux premiers beaux jours, mon vieux voisin, que nous appellerons, si vous voulez, M. Antoine, m'avait dit : « Va voir dans les champs si tu peux trouver une fleur, une seule, n'importe laquelle. Apporte-la-moi, et nous causerons. »

Je ne trouvai qu'une giroflée (fig. 1), sur un vieux mur, au midi. En tirant sur la plante, la racine vint avec le reste. J'apportai tout à M. Antoine, qui me dit que j'avais bien fait de tout prendre, car la racine peut fournir des indications comme la tige et la fleur.

Puis, ayant posé la plante devant lui :

« D'abord, mon enfant, me dit-il, si nous voulons apprendre à connaître, ou reconnaître les plantes, il est bon de nous entendre sur les diverses parties qui les composent. Ce ne sera pas long.

« En premier lieu, nous avons la *racine*, qui est ordinairement cachée sous la terre ; puis la *tige*, qui part de la racine pour s'élever plus ou moins ou pour ramper ; puis les *feuilles*, qui partent de la racine ou

Fig. 1. — Giroflée des murs, tiges fleuries.

de la tige ; enfin la *fleur* et le *fruit*, et c'est tout (fig. 2). Mais sur ces deux dernières parties, qui, d'ailleurs, seront nos guides principaux, expliquons-nous plus en détail, une fois pour toutes.

« Laisse-moi d'abord te dire que les botanistes ne donnent pas, comme on le fait d'ordinaire, le nom de *fruit* seulement à une chose agréable à manger, mais à toute production d'une plante qui contient la graine que l'on sème, ou qui se sème toute seule, pour faire naître une plante semblable. Tu as vu quelquefois ces espèces de globules secs, tout pleins de petites graines

Fig. 2. — Rameau fleuri de giroflée.

rousses qu'on appelle *têtes* de pavots (fig. 3). Eh bien ! en botanique la tête de pavot est un *fruit*, aussi bien qu'une pomme (fig. 4), qui contient plusieurs pépins ou graines de pommier, et qu'une pêche, qui ne contient qu'un noyau ou graine de pêcher. N'oublie pas cela.

« Maintenant, regarde ; avec un canif, je détache de la plante que tu m'as apportée deux fleurs : l'une que je laisse entière, l'autre que je tranche par le milieu, dans le sens de sa longueur. Prends la fleur entière (fig. 5). Examine-la bien. Ce qui frappe le plus tes yeux, ce sont des espèces de petites *feuilles* d'un beau jaune d'or. Combien y en a-t-il? Arrache-les une à

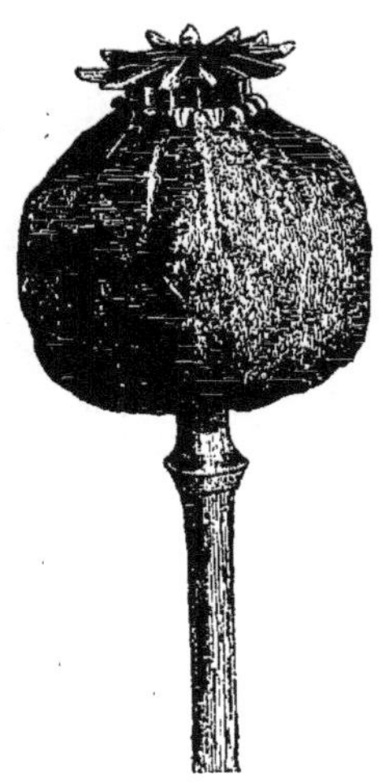

Fig. 3. — Tête de pavot.

une pour les compter. — Une, deux, trois, quatre. — Que vois-tu maintenant? — Une, deux, trois, quatre autres espèces de petites feuilles, qui étaient au-dessous des feuilles jaunes, et qui sont vertes, celles-là. — Si, avec l'ongle, tu fais tomber une à une ces feuilles vertes, que reste-t-il? — Une, deux, trois, quatre, cinq, six languettes, dont deux plus courtes que les quatre autres. Toutes les six portent à leur pointe une chose faite comme un petit pain fendu (fig. 6). Ces petits pains, si tu les touches du bout du doigt, laisseront à ce doigt un peu de poussière ou farine jaunâtre. — Si tu fais à présent tomber à leur tour les languettes, il ne restera plus qu'une espèce de petite colonne, étranglée vers le bout, et se terminant par un petit bourrelet velouté (fig. 7).

Fig. 4. — Pomme, fruit à pépins.

« Voilà, n'est-ce pas, bien de petites choses différentes dans une seule fleur. Donc, comme il en est à peu près de même pour toutes les fleurs, tu dois comprendre qu'il a fallu donner à chacune de ces petites choses un nom particulier, pour pouvoir les distinguer les unes des autres. Ces noms, je ne te les dirai pas tous : quatre ou cinq seulement, pour que tu tâches de les retenir. C'est le seul grand effort de mémoire que j'aie à te demander.

« Regardons la fleur tranchée (fig. 8) pour y retrouver chaque chose de tout à l'heure. D'abord, tout au
bas, les petites feuilles vertes; c'est ce qu'on a appelé
calice, parce que ces feuilles réunies sont comme une
de ces coupes dont les prêtres se servent à la messe
pour la communion.

« Aux feuilles jaunes, qui viennent ensuite, on a

Fig. 5. — Une fleur détachée.　　Fig. 6. — Étamines, ovaire et pistil réunis.　　Fig. 7. — Pistil de giroflée isolé.

donné le nom de *corolle.* Les languettes portant les
petits pains farineux ont reçu le nom d'*étamines.* Enfin
la colonne du milieu a deux noms : la partie basse,
où, comme tu peux le voir, se trouvent de petits
points qui deviendront les graines de la plante, s'appelle *ovaire,* c'est-à-dire endroit où sont les *œufs,* car
les graines sont de vrais œufs, que la terre, où ils seront
semés, couvera et fera éclore; et la partie haute avec
son bourrelet a été nommée *pistil.*

« *Calice, corolle, étamines, ovaire, pistil,* cinq noms
à retenir en tout. Ce n'est vraiment pas trop. Il y en a
bien d'autres, donnés aux pièces du calice et de la

corolle, aux petits pains des étamines et à leur poussière, ainsi qu'au bourrelet du pistil, mais nous pouvons nous en passer.

« Passons-nous-en donc.

« Ainsi, à la seule condition de retenir les cinq noms
que je viens de t'indiquer, et de savoir bien à quelle
partie de la fleur ils se rapportent, notre éducation

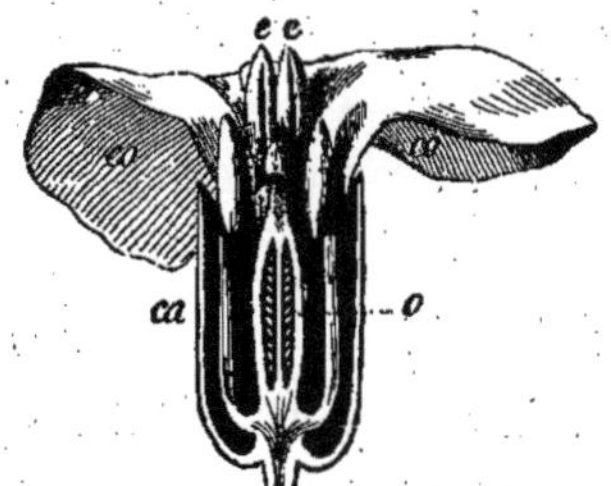

Fig. 8. — Fleur de giroflée coupée par le milieu.
ca, calice. — *co*, corolle. — *e, e*, étamimes. — *o*, ovaire.

première sera suffisamment faite pour nous permettre
d'aller assez loin dans notre étude.

« Encore un mot cependant. Le bas de la colonne,
t'ai-je dit, a reçu le nom d'*ovaire*, parce que c'est là
que sont les *œufs* ou *graines* de la plante. C'est cette
partie qui deviendra le *fruit*. Une fois la corolle flétrie,
les étamines tombées, elle s'allongera et formera une
espèce de gousse étroite, s'allongeant et devenant un
fruit plein de graines, qui, quand il sera mûr, s'ouvrira
des deux côtés pour laisser tomber les graines, rangées sur une cloison du milieu. Voilà.

« Maintenant, mon enfant, ajouta M. Antoine, veux-tu savoir ce que, sans t'en douter, tu as fait aujourd'hui, en examinant avec moi une seule plante, et en apprenant cinq noms qui te serviront pour l'étude de toutes les autres? — Tu as appris à reconnaître, sans erreur possible, par les traits particuliers qui sont chez elles un certificat de famille, plus de cent espèces de plantes de nos champs, qui, toutes, répondent à ce même signalement : *un calice et une corolle ayant chacun quatre pièces, et dans la fleur six étamines, dont deux plus courtes que les quatre autres*, comme dans la giroflée.

« A dater d'aujourd'hui, en effet, quand tu trouveras sur ton chemin une plante dont les fleurs seront disposées ainsi, tu peux lui dire en toute assurance : Si je ne sais pas ton nom particulier, ma belle, au moins sais-je celui de ta famille. Toi et les tiens, vous vous appelez les *porte-croix* (les botanistes, qui parlent latin en français, disent les *crucifères*), parce que les quatre pièces de votre corolle *forment la croix*, et je sais fort bien que cette colonne qui est là dans ton milieu deviendra soit une longue gousse (que les botanistes appellent *silique*) (fig. 9), ou une gousse courte (que les botanistes appellent *silicule*, petite silique) (fig. 10). »

A maintes reprises, au cours de la belle saison, car les *porte-croix* sont en grand nombre dans nos champs, je vins montrer à M. Antoine des plantes à qui j'avais fait le petit compliment indiqué par lui, pour qu'il me

Fig. 9. — Gousse longue ou silique des crucifères.

Fig. 10. — Gousse courte ou silicule des crucifères.

dit si je ne m'étais pas trompé. Toutes étaient bien de cette grande et très intéressante famille, à laquelle appartiennent maintes plantes d'utilité et d'agrément.

Je lui apportai, par exemple, dès les premiers mois, la charmante cardamine ou cresson des prés (fig. 11), qui, au bout d'une longue tige aux feuilles finement

Fig. 11. — Cardamine des prés.

découpées, porte un groupe de petites fleurs d'un lilas tendre ; puis aussi les fleurs jaunes du chou colza (fig. 12), que l'on cultive pour extraire de sa longue gousse les graines brunes qui donnent une huile que l'on mange fraîche et que l'on brûle dans les lampes ;

Fig. 12. — Fleurs de colza.

puis la moutarde (fig. 13), dont une espèce, à fleurs jaunes, est très répandue dans nos champs, et qui se distingue par une gousse (fig. 14) ne portant que trois

Fig. 13. — Moutarde des champs.　　Fig. 14. — Fruit
de la moutarde.

ou quatre graines et se terminant par une sorte de fort bec aplati; puis les raves, les radis, le cresson de fontaine et le cresson alénois, la julienne des jardins (ou girarde) à odeur si suave, les divers thlaspis, la bourse à pasteur, le sisymbre herbe-au-chantre, ainsi nommée parce qu'elle est, dit-on, un remède

souverain contre les extinctions de voix; et combien
d'autres, que vous ne saurez manquer de reconnaître
si vous avez soin de prendre garde aux caractères si
bien tranchés de la famille.

III

UNE EXCENTRIQUE

Quelques jours après notre première causerie, passant le long des taillis, j'aperçus un certain nombre de violettes (fig. 15), soulevant les feuilles mortes pour venir, d'un air un peu sournois, regarder le soleil. J'en fis un petit bouquet, non pas, à ce que je pensais, comme cueillette botanique, mais pour l'offrir à M. Antoine, qui m'avait dit aimer beaucoup le parfum de ces fleurs-là.

Quand il me vit entrer, mon bouquet à la main :

« Ah ! pardienne ! fit-il, tu as eu la main plus heureuse que tu ne crois !

— Comment donc, monsieur Antoine ?

— Tu n'es certainement pas sans avoir entendu comparer la violette aux braves gens qui sont humbles, modestes et qui se cachent, mais que leur mérite, leurs vertus, font quand même découvrir. N'est-ce pas?

— Oui, monsieur Antoine.

— Eh bien, veux-tu que je te dise? cette humble, cette modeste — puisque, enfin, on en fait l'emblème de la modestie et de l'humilité — n'est pas autre chose qu'une espèce de petite originale, dont le caractère est si étrange qu'elle n'a par là rien de commun avec aucune autre plante.

« L'autre jour, tu m'avais apporté une plante dont la famille est si nombreuse, que moi qui fais de la botanique depuis au moins quarante ans, je n'ai pas encore réussi à faire connaissance avec tous les membres de cette famille habitant nos pays. Celle que tu m'apportes aujourd'hui est si bien, au contraire, une petite fantasque, ayant des façons d'être particulières, des manières à elle de disposer son calice, sa corolle, ses étamines, son pistil, son fruit, ses graines, que non seulement chez nous, mais aussi, je crois, dans le monde entier, il est impossible de trouver une autre plante qui puisse avoir avec elle un air de parenté directe. Si bien que, pour tous les botanistes, la famille de la violette se réduit à la violette et rien qu'à la violette.

« Tu vois donc que, du moment où tu la connais, tu connais en sa personne toute une famille. Il n'y a rien de tel que les gens bizarres pour se donner, même avec des airs de modestie, une certaine importance.

« Tiens, prends une de ces fleurs, et, soit avec la pointe de ce canif, soit avec tes ongles, dépouille-la, pièce par pièce, comme tu as fait l'autre jour pour cette personne rangée qui s'appelle giroflée, et tu verras. »

Je pris la fleur, et j'y trouvai, en effet, un calice à cinq pièces très irrégulières de forme; puis une corolle plus irrégulière encore, à cinq pièces aussi : quatre effilées d'un bout, évasées de l'autre, et la

Fig. 15. — Violette ordinaire.

cinquième finissant en une espèce de cornet recourbé (en botanique un *éperon*); puis, ayant fendu le cornet, je vis que deux des cinq étamines, logées au cœur de la fleur, allongeaient une sorte de petite patte dans ce cornet. Toutes cinq d'ailleurs entouraient, en s'aplatissant contre, un ovaire rond, d'où le pistil montait droit d'abord, pour se terminer en forme de crochet. Et M. Antoine me dit que cet ovaire, devenu fruit, s'ouvrait, une fois mûr, en parties, comme une étoile à trois branches, pour répandre ou livrer ses graines.

Enfin c'était quelque chose de réellement extravagant, où se trouvaient, à la vérité, tous les organes dont j'avais appris les noms lors de notre première causerie, mais singulièrement arrangés, combinés, emmanchés! Ah! que tout cela était loin du bon ordre des *porte-croix!*

M. Antoine m'apprit de plus que la violette, tout en restant dans son originalité d'organisation, se donne

FIG. 16. — Violette tricolore ou pensée sauvage.

encore le plaisir de prendre à peu près toutes les couleurs; il y en a de *violettes* (puisque c'est d'elle que cette couleur tient son nom), de blanches, de jaunes, de presque noires; d'autres d'un bleu pâle, ou d'un bleu de ciel assez vif; enfin il y en a une qui se trouve très fréquemment dans les chaumes secs, et que les botanistes appellent violette *tricolore,* parce que, sur les pièces de sa corolle bien étalées, on voit du bleu, du jaune et quelques lignes brunes. C'est ce qu'on nomme vulgairement la *pensée* sauvage (fig. 16), car la pensée

n'est autre chose qu'une violette. Les jardiniers l'ont
empruntée aux champs, et c'est par des soins de
culture qu'ils en ont fait ces belles, ces magnifiques
pensées de toutes les couleurs que tu connais (fig. 17).
La preuve, c'est que si on laisse de très belles pensées
à l'abandon dans un coin de jardin, petit à petit la

Fig. 17. — Pensée cultivée.

plante revient à l'état de pensée sauvage, n'ayant plus
que deux ou trois teintes très faibles.

« Si, par exemple, tu veux un jour rire un peu,
ajouta M. Antoine, mets à nu le cœur, c'est-à-dire les
étamines avec le pistil et l'ovaire d'une de ces grosses
pensées, et tu verras une sorte de petit ramponneau
grotesque, à grosse tête, à gros yeux, allongeant deux
longs bras, jusqu'au bas de sa ronde bedaine. Enfin,
pour que tu ne croies pas cependant que la violette est la

seule qui dispose étrangement ses étamines, regarde
le petit tableau que voici (fig. 18), où j'ai réuni quel-

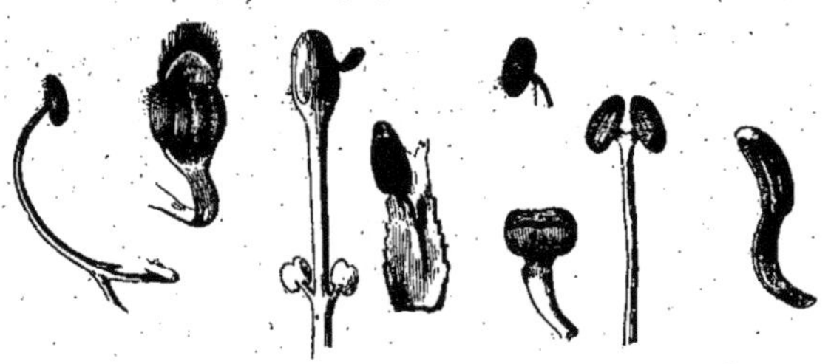

FIG. 18. — Diverses formes que prennent les étamines.

ques-unes des formes bizarres que leur donnent certaines autres fleurs; je t'épargne ainsi des surprises
pour l'avenir. »

IV

LES PRINTANIÈRES

(AVRIL)

« *Coucou* dans les prés, *coucou* dans les bois, » dit un proverbe des paysans. Les paysans veulent dire par là que lorsqu'on voit paraître au printemps, sur les gazons humides, cette gentille fleur que tout le monde connaît sous le nom de *coucou*, c'est que l'oiseau dont elle a pris le nom ne tardera pas à faire entendre sa drôle de chanson dans les vergers et dans les forêts.

Or, un matin, j'avais vu des coucous-fleurs (fig. 19) dans les prés, et j'en avais pris deux ou trois plantes pour aller bien vite les montrer à mon vieux maître.

« A la bonne heure! fit-il, parle-moi de celle-là! ce n'est pas une fantasque, comme notre violette de l'autre jour. Tout en elle indique le bon ordre, le sage arrangement... Mais voyons, décomposons-la, comme nous avons fait des autres. Fais d'abord tomber les pièces du calice.

— Les pièces! répétai-je; mais il n'y en a qu'une.

Fig. 19. — Primevère, fleur de coucou.

Tout se tient : il y a seulement cinq dents ou pointes à ce calice.

— Je voulais, me dit M. Antoine, que cette remarque vînt de toi. Calice d'une seule pièce, bien! Déchire-le et fais tomber les pièces de la corolle.

— Mais il n'y en a qu'une aussi, simplement découpée sur les bords en cinq festons arrondis (fig. 20).

— Donc nous connaissons maintenant une fleur ayant une corolle d'une seule pièce. Laisse-moi te dire tout de suite que cela n'est pas rare. Les botanistes se sont même servis jadis de cette différence pour séparer les fleurs en deux grandes divisions. D'une part, celles dont la corolle est en plusieurs pièces (ils disent, eux, plusieurs *pétales*), et celles dont la corolle n'a qu'une seule pièce : ils appellent celles-là *monopétales*, c'est-à-dire

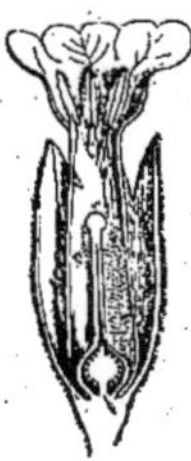

Fig. 20. — Coupe d'une fleur de primevère.

à un seul pétale, comme on dit *monosyllabe* d'un mot qui n'a qu'une syllabe ; les autres sont pour eux des *polypétales* (à plusieurs pétales). Nous continuerons, nous, à dire *pièces*, jusqu'à ce que tu veuilles toi-même dire *pétales*.

« Maintenant, déchire la corolle, pour que nous voyions la disposition des étamines et du pistil. C'est fait. Combien en vois-tu ?

— Je n'en vois point du tout, répondis-je.

— Comment, point ? Ne les aurais-tu pas emportées en déchirant la corolle ? Reprends les débris et regarde.

— Ah ! en effet, les voilà ! C'est qu'elles sont attachées à la corolle même.

— Autre remarque que je voulais te faire faire, car, dans les fleurs dont la corolle est d'une seule pièce, le plus souvent les étamines sont attachées à la corolle. Maintenant donc il nous reste seulement un pistil bien

Fig. 21. — Primevère des jardins.

droit, au-dessus d'un ovaire bien rond, qui deviendra une espèce de petite boîte pleine de graines. Le vrai nom du coucou est *primevère,* qui veut dire *premier printemps.* De telle façon que les plantes, assez nombreuses, de la famille qui a reçu son nom de la primevère (les botanistes disent les *primulacées*), sont appelées les *printanières,* bien que toutes ne soient pas très précoces (fig. 21).

« Tu reviendras plus tard, de toi-même, à cette jolie famille. Pour le moment, retiens seulement ceci : si jamais dans les champs cultivés, parmi les mauvaises herbes d'un jardin mal sarclé, tu vois sur la terre une espèce de petite étoile à cinq pointes, d'un rouge de

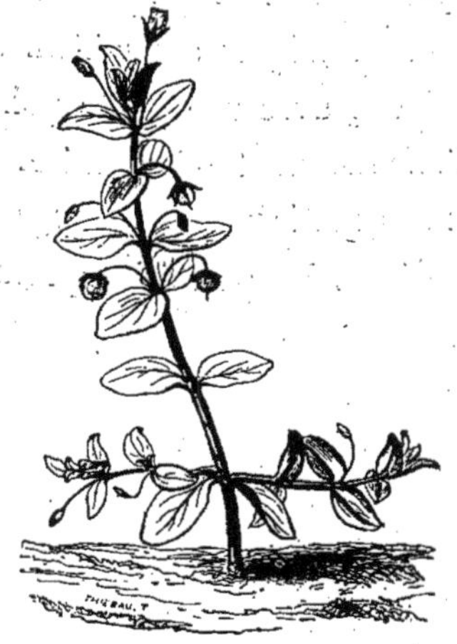

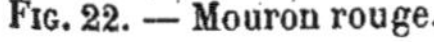

Fig. 22. — Mouron rouge.

Fig. 23. — Fruits ou boîte à graines du mouron rouge.

brique, baisse-toi pour cueillir la seule de nos fleurs qui soit de cette couleur-là. Je te ferai remarquer que cette petite étoile, ordinairement rouge de brique, se passe quelquefois la fantaisie d'être d'un beau bleu indigo. Pourquoi les fleurs n'auraient-elles pas quelques caprices ? Ceux-là au moins sont des plus innocents.

« Quoi qu'il en soit de sa couleur, la plante ne s'en appelle pas moins le *mouron rouge* (fig. 22). Elle est de la famille qui a reçu son nom de la primevère. Ne la donne pas aux oiseaux, qu'elle empoisonnerait, dit-on, mais cherche sur sa tige traînante si tu peux trouver un ovaire devenu fruit.

« Si tu le trouves, prends cette petite boîte ronde (fig. 23), presse-la un peu entre le bout des doigts, et tu la verras se fendre en rond par son milieu. Une espèce de bonnet, de calotte, avec une petite pointe, s'enlèvera, à la façon d'une savonnette de barbier.

« Il n'y a guère chez nous que le mouron rouge qui ouvre ainsi sa boîte à graines. Donne-toi le spectacle de cette petite curiosité. »

V

AVOIR DES LÈVRES ET NE PAS PARLER !

(AVRIL)

« Prenez garde, mère Angèle, vous allez vous faire piquer, disais-je à une vieille brave femme de notre voisinage, que je voyais se pencher pour cueillir à pleine main certaines plantes qui foisonnaient dans un fossé du chemin.

— N'aie pas peur, petit, ça n'est point méchant, me répliqua la mère Angèle.

— Point méchant, des orties ?

— Des orties, oui ; mais des *orties blanches* (fig. 24) ! Quand tu vois sur une ortie ces fleurs, qu'on dirait faites d'une belle crème de lait, tu peux y toucher sans crainte : celle-là est une bonne fille. Et tu feras d'autant mieux d'y toucher, si tu connais quelqu'un qui ait des accidents de sang. J'en prends, moi, parce que le petit garçon de ma fille a depuis quelques jours des saigne-

3

ments de nez. J'en pile, je lui en mets sur le front; ça arrête le sang tout de suite.

— Bien ! » dis-je; et après avoir cueilli quelques tiges dans le fossé, je m'en allai chez M. Antoine, à qui je demandai comment il se faisait que l'ortie blanche n'eût pas d'aiguillons, tandis que l'autre, la noire, fait à ceux qui la touchent de si vives piqûres.

Fig. 24. — Lamier blanc.

« Tout simplement, me répondit M. Antoine, parce que cette prétendue ortie n'est pas une ortie.

— Elle ressemble bien à une ortie, cependant.

— Oui, à peu près, par le feuillage; mais en aucune façon par la fleur et par le fruit, qui sont, comme tu as déjà pu le voir, les parties servant à indiquer la parenté chez les plantes. Les ressemblances par la forme des feuilles entrent bien rarement en compte;

mais la manière dont les feuilles s'attachent sur la tige prend quelquefois une grande importance, comme trait distinctif des familles; et justement même pour la famille de cette plante, que les bonnes gens appellent ortie blanche, tandis que son vrai nom est *lamier blanc*. Regarde, je te prie, la disposition de ces feuilles. Elles

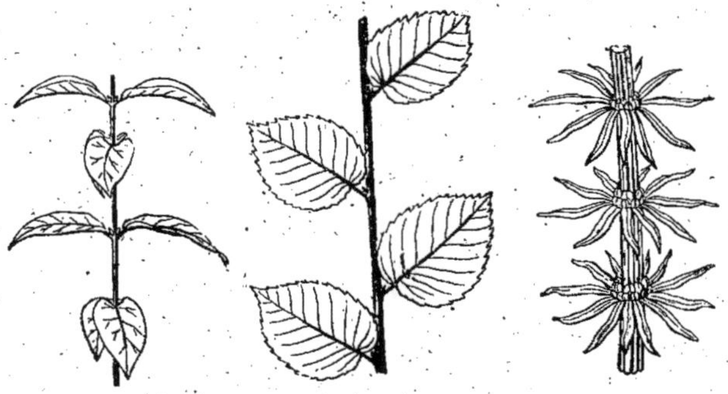

FIG. 25. — Exemple de feuilles *opposées* à paires entre-croisées.

FIG. 26. — Exemple. de feuilles dites alternes.

FIG. 27. — Exemple de feuilles rangées en cercles, ou verticillées.

vont par paires, deux par deux partout, l'une à droite, l'autre à gauche de la tige, comme les bras d'une croix. Aussi les botanistes disent-ils des feuilles placées ainsi qu'elles sont *opposées*, ce qui indique bien l'état des choses. De plus, dans celles que voici (et il en est souvent ainsi des feuilles opposées), les paires, en se suivant, prennent un placement entre-croisé, de façon que le tout est absolument arrangé comme les bâtons d'un perchoir à perroquet (fig. 25). Dans

d'autres plantes, les feuilles vont seules, régulièrement, une à droite puis l'autre à gauche, mais à une
certaine distance de la première (fig. 26); c'est ce
qu'on appelle feuilles alternes. Puis d'autres s'attachent
plus ou moins nombreuses au même point de la tige
(fig. 27), en faisant autour d'elle comme les rayons

 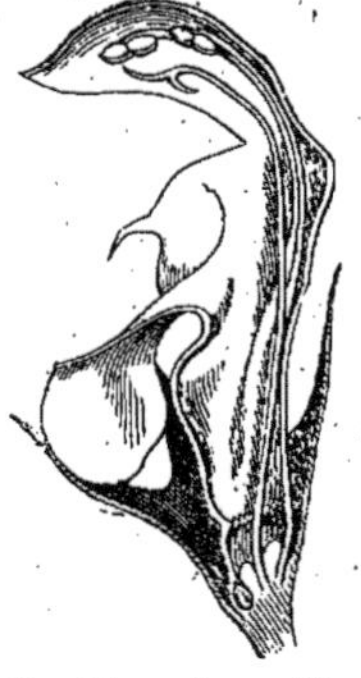 

Fig. 28. — Fleur de lamier blanc, vue de côté.   Fig. 29. — Coupe d'une fleur de lamier blanc.   Fig. 30. — Lamier, fleur vue de face.

d'une roue autour du moyeu : on les dit alors *verticillées*; enfin il en est qui semblent ne suivre aucun
ordre : on les dit *éparses*.

« Maintenant regardons notre fleur de lamier (fig. 28,
29 et 30). Le calice est d'une seule pièce, mais découpé
en cinq pointes. La corolle, d'une seule pièce aussi, est
façonnée de telle sorte qu'elle semble une bouche
ouverte, dont la lèvre d'en bas est rejetée en dehors,
pendant que celle d'en haut se creuse en dedans. C'est,

en effet, ce que les botanistes ont appelé une corolle à *lèvres*, et comme, en latin, « lèvres » se dit *labia*, ils ont donné le nom de *labiées* à une grande famille de plantes qui ont, comme le *lamier*, des fleurs à *lèvres*.

— Des lèvres qui ne parlent pas, crus-je devoir remarquer.

— Eh si! puisqu'elles disent à qui veut l'entendre à quelle famille elles appartiennent; mais enlevons une de ces corolles, et fendons-la avec la pointe du canif; nous voyons que, comme il arrive le plus sou-

Fig. 31. — Lamier blanc, fruit.

vent pour les corolles d'une seule pièce ou *monopétales*, elle a emporté les étamines avec elle.

« En voici quatre, dont deux un peu plus courtes : second signe de famille. Pour en avoir un troisième, regarde au fond du calice, d'où monte le pistil : tu verras que le fruit est composé de quatre graines (fig. 31). Pour avoir un quatrième signe, regarde la tige de la plante : tu verras qu'elle est carrée. Si tu y joins que les feuilles sont opposées et s'entre-croisent de paire à paire, et de plus que les fleurs de ces plantes ne paraissent jamais qu'aux endroits où les feuilles partent de la tige (les botanistes appellent ces endroits *aisselles,* comme, sur le corps humain, on appelle les endroits où les bras partent du corps), tu auras cinq ou six marques certaines, allant toujours ensemble, pour t'aider à reconnaître entre toutes les plantes de la famille des *labiées,* ou *fleurs à lèvres.*

« La famille est très nombreuse et formée de plantes presque toutes odorantes, comme la menthe, la sauge, le lierre terrestre, la mélisse, la lavande, le thym... Quelques-unes, à dire vrai, — des capricieuses, — ne montreront plus les cinq ou six marques; mais il en restera toujours au moins quatre pour qu'on ne puisse pas se tromper sur leur compte. Une, par exemple, la sauge, ne garde jamais que deux étamines, mais elle tient aux lèvres bien marquées de sa corolle, tandis que la menthe, qui se plaît à avoir une petite corolle presque en cloche, conserve précieusement ses quatre étamines. Il en est de même d'une autre, qu'on appelle *germandrée,* qui n'habite guère que les bois, et qui se donne le sauvage plaisir de couper à sa corolle la lèvre supérieure. Mais chez toutes restent : 1° *la tige carrée;* 2° *les feuilles opposées;* 3° *les quatre graines au fond du calice;* 4° *le point d'attache des fleurs à l'aisselle des feuilles;* et un cinquième signe qui varie : tantôt les *lèvres de la corolle réduites à une seule,* tantôt *deux étamines au lieu de quatre,* etc.

« Maintenant que te voilà prévenu, et comme ces plantes abondent presque partout, je doute fort que tu puisses faire la moindre promenade dans les champs sans qu'à la vue des quatre ou cinq marques réunies, tu t'écries très souvent :

« Tiens ! voilà une labiée ! »

VI

UN CALICE, S'IL VOUS PLAIT!

(MAI)

Ce jour-là, j'apportai deux plantes différentes au lieu d'une seule, comme me l'avait recommandé M. Antoine, qui me répétait souvent que le vrai moyen d'aller vite dans une étude consistait surtout à aller lentement, c'est-à-dire à ne pas vouloir embrasser trop de choses à la fois. Aussi, depuis que nous avions commencé nos causeries, avais-je pris pour méthode de ne rien faire de plus, quand j'allais dans les champs, que de chercher à reconnaître, parmi les fleurs rencontrées, celles qui pouvaient appartenir aux familles dont M. Antoine m'avait indiqué les signes particuliers. J'avais ainsi découvert d'abord beaucoup de *porte-croix* ou crucifères; et, à la suite de notre dernier entretien, un certain nombre de *fleurs à lèvres* ou labiées.

Or, ce jour-là, le hasard m'avait fait apercevoir un des premiers coquelicots de la saison, épanoui au bord d'un champ de blé. Je me hâtai de prendre cette plante, que, certes, je connaissais depuis longtemps, comme tout le monde, mais dont je n'avais jamais regardé attentivement les détails.

Bien qu'ayant souvent fait de grosses cueillettes de cette fleur, je n'avais pas encore remarqué qu'elle n'avait que quatre pièces (ou pétales) à sa corolle, comme les porte-croix. Ma première idée fut de me demander si elle n'appartenait pas à cette grande famille. Mais cette idée ne persista pas longtemps en moi, car au lieu de six étamines que je devais trouver, j'en vis une kyrielle dans la corolle. Au surplus, me dis-je, combien de pièces au calice?... — Vous voyez que je mettais déjà en usage les bons principes reçus. — Mais alors imaginez mon étonnement. J'ai beau chercher, regarder sous la corolle, pas plus de calice que sur ma main : mais là, point du tout ! Qu'est-ce à dire ? Que signifie cette absence d'une partie que M. Antoine m'a signalée comme essentielle dans la composition d'une fleur ? — Vite donc en route pour aller en demander la raison à M. Antoine.

Voilà que, chemin faisant, au pied d'un mur humide, j'aperçois encore une plante à corolle de quatre pièces, jaune celle-là. Tout naturellement je me baisse pour l'examiner mieux. Je vois que, comme les coquelicots,

elle ne peut être de la famille des porte-croix, puisque
ses étamines sont en aussi grand nombre ; mais, nou-
vel étonnement, en reconnaissant que celle-là, comme
le coquelicot, n'a point de calice. Je la joins donc au
coquelicot, et j'arrive bientôt chez M. Antoine, qui, me
voyant ces deux plantes dans les mains :

« Ah pardienne ! s'écrie-t-il, voilà ce qui peut s'appeler, je crois, être savant sans le savoir.

— Comment donc, monsieur Antoine ?

— Oui, une famille, qui a des membres assez nombreux répandus en pays étrangers, n'en compte guère
que deux dans notre pays, et tu me les apportes tous
les deux du même coup.

— Quoi ! fis-je, elles sont de la même famille ! Je
m'en serais presque douté, et je crois qu'à part les
quatre pièces de la corolle et les nombreuses étamines
qu'elles ont l'une et l'autre, j'ai trouvé un des signes
principaux de la famille.

— Voyons ce signe !

— Ces plantes, répondis-je, non sans prendre assurément un certain petit air de satisfaction personnelle,
n'ont point de calice. Voilà !

— Comment ! point de calice ? se récria M. Antoine,
où diable as-tu déniché cela ?

— Eh bien, mais, sur les fleurs elles-mêmes. Voyez :
elles n'en ont ni l'une ni l'autre. »

Alors M. Antoine, en souriant :

« Tu as en effet, dit-il, trouvé un des signes particuliers de la famille, mais sans te l'expliquer complè-
tement. Au lieu de regarder le coquelicot fleuri, regarde,

FIG. 32. — Coquelicot.
a, fleur en bouton. — b, fleur épanouie. — c, fruit.

je te prie, le bouton qui est sur la tige d'à côté
(fig. 32, a). Dans ce bouton vert, la corolle est enfermée
sous une enveloppe séparée en deux. Cette enveloppe
est le calice, bien visible, je pense. Seulement, pour
s'épanouir la fleur pousse sur l'enveloppe et la détache
de la tige. Ce qui fut le calice devient alors une sorte

de petit bonnet de nuit (fig. 33) dont la corolle se débar-
rasse pour s'éveiller, pour s'étaler, et, une fois épanouie, elle paraît n'en avoir jamais eu.

Fig. 33. — Coquelicot, fleur s'épanouissant.

« L'autre petite fleur que tu m'as apportée a reçu
les noms d'*herbe aux hirondelles* (*chélidoine*, de *Keli-
don*, nom grec de l'hirondelle) et d'*éclaire* (fig. 34),

Fig. 34. — Chélidoine-éclaire.

parce que, disait-on autrefois, quand les petits de l'hirondelle ont mal aux yeux, la mère va chercher, pour
les guérir, cette fleur, dont il sort une espèce de lait
jaune quand on en déchire les feuilles ou la tige. Je

n'ai pas besoin de te dire que c'est là un conte du vieux temps. Toujours est-il que ce lait jaune est très âcre, et que tu devras bien te garder d'y goûter. Mais comme il n'y a guère, je crois, que l'éclaire qui, parmi nos plantes, donne un suc pareil, te voilà sûr de la recon-

Fig. 35. — Pavot cultivé.

naître, même quand elle n'est pas fleurie. L'éclaire a pour fruit une petite gousse assez longue, où les graines sont rangées, tandis que le fruit du coquelicot est cette espèce de boîte (les botanistes disent une *capsule*) que tu vois au milieu des étamines (fig. 32, c) et où les graines, en très grand nombre, occupent plusieurs logettes joliment cloisonnées. Pour tout pistil, elle a les bandes qui font comme les rayons d'une roue sur le dessus de la boîte à graines. Ce n'est donc pas d'après la forme du fruit qu'il faudrait, à première vue, établir la parenté entre ces deux plantes. Les marques plus nettes de la famille sont *quatre pétales*, des *étamines nombreuses* (quand il y en a plus de douze, on ne les compte plus, et l'on dit qu'elles sont en *nombre indéfini*), enfin le *calice tombant au moment où la fleur s'ouvre*. (Les botanistes disent *calice caduc*.)

« Le coquelicot est un petit pavot, frère du gros pavot (fig. 35) que l'on cultive chez nous sous le nom d'*œillette*, pour faire de l'huile avec ses graines, et dans d'autres pays pour avoir l'*opium*, une drogue fameuse en médecine. L'opium est le suc qui sort de la capsule du pavot quand on y fait de petites coupures, et qui, d'abord blanc, brunit en se durcissant à l'air.

« Avec le nom latin du pavot, *papaver*, les botanistes ont baptisé cette famille du nom de *papavéracées*. »

VII

EN QUEUE DE SCORPION

(MAI)

Cette mère Angèle qui me fit un jour cueillir l'ortie blanche avait été surnommée la *mère aux herbes*, parce qu'il n'était guère de maladie dont on lui parlât sans qu'elle indiquât aussitôt la feuille ou la fleur qui, d'après elle, devait en être le remède.

Un jour, sur un sentier pierreux, bien exposé au soleil, j'étais arrêté devant une plante d'aspect assez singulier, que j'examinais attentivement, en me demandant si j'en connaissais la famille. J'avais cru d'abord à une labiée, car la corolle, d'un joli bleu violacé, aurait pu passer pour avoir deux lèvres, et en arrachant une de ces corolles j'avais pu voir, au fond du calice, les quatre graines voulues; mais les feuilles de la plante n'étaient pas opposées; mais je voyais cinq étamines sortir de la corolle, en même temps qu'un

4

long pistil fourchu ; et enfin les fleurs, au lieu de naître aux points d'attache (ou aisselles) des feuilles, étaient placées les unes à la suite des autres sur des tiges distinctes qui se recourbaient par le bout.

La mère Angèle passait par là : « Ah! fit-elle, regarde-la bien, parce que, sans te souhaiter du mal, tu

Fig. 36. — Vipérine.

pourrais avoir besoin d'elle un jour, et tu serais bien aise de la retrouver.

— Vous croyez, mère Angèle?

— Comment, si je le crois! j'en suis sûre. On l'appelle *vipérine* (fig. 36). Regarde-la bien, et tu comprendras peut-être pourquoi.

— Serait-ce, mère Angèle, parce que sa fleur ressemble un peu à une gueule de serpent?

— Juste ! et tu vois le *dard* à deux pointes qui en sort longuement. C'est un signe que le bon Dieu a mis sur elle, comme sur bien d'autres plantes, pour nous apprendre à quoi elle est bonne. Si donc jamais tu étais *piqué* d'une vipère, la vipérine te guérirait...

— Vraiment ?

Fig. 37. — Pulmonaire.

— C'est comme ça, mon petit... »

Quand j'arrivai chez M. Antoine avec la vipérine, je lui répétai ce que la mère Angèle m'en avait raconté.

« Autrefois, en effet, me dit-il en souriant, on pensait que certaines plantes portaient ce qu'on appelait la *signature*, ou l'indication de leurs vertus médicinales. Par exemple, la carotte jaune était bonne contre la jaunisse ; les plantes à tige carrée, pour les fièvres qui reviennent tous les quatre jours; une autre, qui est d'ailleurs une proche parente de celle que tu m'apportes et qui a gardé le nom de *pulmonaire* (fig. 37), était réputée souveraine pour les maux de poitrine, parce que ses feuilles sont tachées de blanc, comme le sont, à ce qu'on croit, les poumons malades. Et bien d'autres encore. Et tu vois qu'il en reste quelque chose chez les bonnes gens, comme la mère Angèle... Mais si

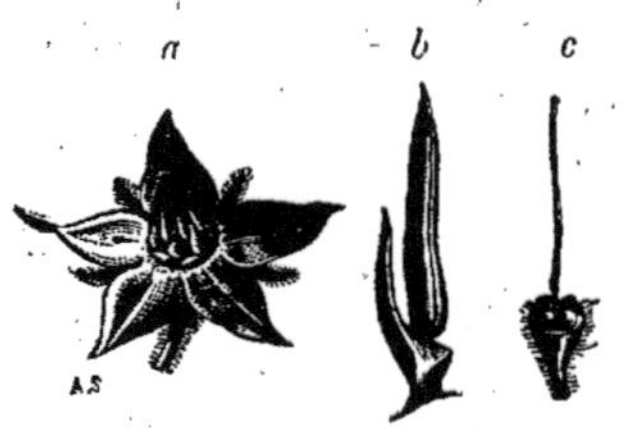

Fig. 38. — Bourrache.

a, fleur entière. — b, étamine. — c, pistil.

Fig. 39. — Corolle de la consoude.

tu étais jamais mordu — et non piqué, comme on le dit à tort — par une vipère, je ne te conseillerais pas de croire aux vertus de la vipérine. Elle a pour nous, qui faisons de la botanique et non de la médecine, un signe bien plus important que sa corolle en gueule et son pistil en prétendu dard de vipère. Tu n'as jamais vu, je suppose, aucun scorpion, car, Dieu merci, ce déplaisant animal n'habite pas dans nos pays; mais tu as pu en voir la figure, ne fût-ce que dans les calendriers, où on le met comme signe du zodiaque; tu sais qu'on le représente généralement la queue à demi enroulée.

Maintenant regarde les petits rameaux qui portent les fleurs de cette vipérine (car les botanistes lui ont gardé ce nom); ne te semblent-ils pas prendre la forme d'une queue de scorpion, les fleurs à naître se trouvant dans l'enroulement ?

— En effet.

— Eh bien, mon enfant, ces rameaux en queue de

Fig. 40. — Myosotis.

scorpion sont un signe commun à toute une assez grande famille; et il peut à lui seul suffire pour faire reconnaître les plantes qui en font partie. Elles ont toutes une corolle d'une seule pièce (ou monopétale); mais cette corolle, tout en ayant toujours cinq découpures plus ou moins profondes, prend diverses formes : tantôt en petite gueule, comme dans la vipérine; tantôt en étoile, comme dans la *bourrache* (fig. 38), qui a donné son nom à la famille (on dit les *borraginées*); tantôt

en espèce de cloche, comme dans la *consoude* (fig. 39),
une jolie plante du bord des ruisseaux; tantôt en mignonne petite coupe , comme dans le *myosotis* (fig. 40),
qui est d'un joli bleu. Il y a toujours cinq étamines,
qui prennent parfois aussi des formes singulières,
comme dans la bourrache, et toujours aussi quatre
graines dans le calice, qui d'ordinaire se resserre sur

Fig. 41. — Exemple de feuilles
entières (laurier rose).

Fig. 42. — Exemple de feuilles
découpées ou non entières
(fraisier).

elles après que la corolle est tombée. Enfin, il y a
encore cela de remarquable que, dans toutes les
plantes de cette famille, les feuilles sont toujours,
comme disent les botanistes, *entières*, ce qui signifie
qu'elles n'ont aucune découpure sur leurs bords
(fig. 41), comme par exemple il en existe aux feuilles
de l'ortie blanche ou du fraisier (fig. 42).

« Toujours est-il que, quand tu verras sur une plante
que tu n'as pas encore remarquée, et dont tu ne sais pas
le nom, les rameaux qui portent les fleurs enroulées par

le bout, à la façon de la queue du scorpion (fig. 43),
tu pourras être sûr de ne pas te tromper en l'appelant
de son nom de famille *borraginée,* quitte à savoir plus
tard auquel des membres de la famille tu as affaire. »

Fig. 43. — Scorpions.

Mais puisque nous avons déjà parlé deux fois de la
manière d'être des feuilles, pourquoi n'en dirions-nous
pas quelque chose de plus, afin de n'avoir plus à reve-
nir sur ce sujet? Nous savons déjà qu'elles ont plusieurs
façons de se placer sur la tige qui les porte, et qu'elles

peuvent être ou *entières* ou *découpées*. Elles peuvent encore être *simples* ou *composées*. On les dit simples quand chacune d'elles a pour la porter une petite tige distincte (que les botanistes appellent *pétiole*), comme par exemple dans les feuilles du chêne, de l'orme, de l'érable (fig. 44, 45 et 46); — ou bien elles sont com-

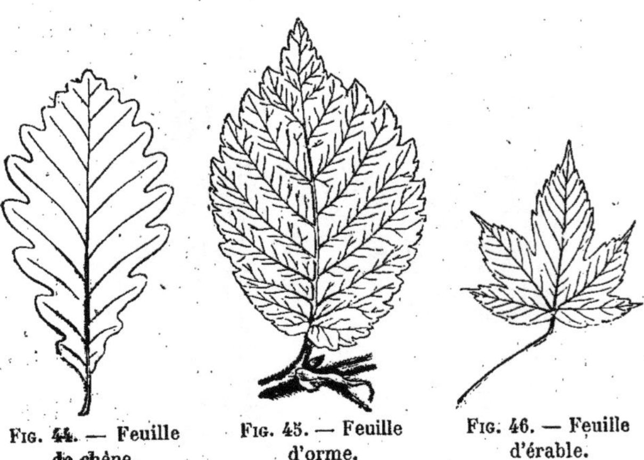

Fig. 44. — Feuille de chêne.

Fig. 45. — Feuille d'orme.

Fig. 46. — Feuille d'érable.

posées, comme par exemple la feuille du fraisier tout à l'heure indiquée (fig. 42), où nous voyons trois *folioles* (ou petites feuilles secondaires) venir s'attacher au même point du pétiole. C'est ce qui a lieu aussi dans les feuilles du trèfle (fig. 47). Dans la feuille du *robinier faux acacia* (appelé vulgairement acacia) (fig. 48), les folioles se rangent en très grand nombre tout le long du pétiole commun. Les botanistes (qui en cela ont pour but d'arriver à pouvoir donner bien fidèlement le signa-

Fig. 47. — Feuille composée du trèfle incarnat.

lement des plantes dont ils parlent) s'occupent aussi
des différences dans la forme générale des feuilles entières ou découpées ; ils les disent, par exemple, *ovales,*
comme sont les folioles de l'acacia ; *en cœur,* comme
les feuilles de l'orme ou du lilas ; *rondes,* comme les
feuilles de la *capucine* (fig. 49) ou d'une petite plante
qui flotte sur les mares et qu'on nomme *écuelle d'eau.*

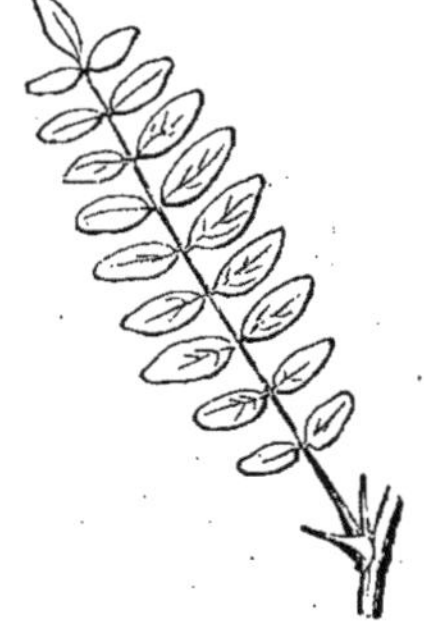

Fig. 48. — Feuille composée
du robinier (faux acacia).

Fig. 49. — Feuille simple,
ronde, de la capucine.

Ils les nomment *en forme de fil* (filiformes) lorsqu'elles semblent en effet être autant de bouts de fil
attachés au pétiole, comme dans le pin (fig. 50) ; ou
bien *en forme de lignes parallèles* (linéaires) quand
elles sont très allongées et se gardent presque également larges dans toute leur étendue, comme celles de
la plupart des plantes de la famille du blé (ou céréales) :
le froment, le seigle, le chiendent (fig. 51), le riz, etc.
Quand elles sont longuement ovales et formant la

pointe par les deux bouts, comme dans le laurier-rose
(fig. 41), ils les disent *en forme de fer de lance* (ou
lancéolées); ou bien *en forme de fer de flèche* (ou sagittées) quand elles sont faites comme celles de l'*arum*
(fig. 52), une plante très singulière qui croît dans les

FIG. 50. — Feuilles filiformes du pin maritime.

lieux humides et ombragés, ou comme celles d'une
plante d'eau qui doit à la forme même de ses feuilles le
nom de *sagittaire* (fig. 53).

Selon qu'elle a des découpures plus ou moins profondes ou aiguës, les botanistes disent d'une feuille
qu'elle est *festonnée*, comme la feuille du chêne (fig. 44),
dentelée, comme celle de l'orme (fig. 45), etc., etc.

Ils s'occupent aussi de la disposition des *nervures*

(ce mot de nervures s'explique de lui-même : il désigne les espèces de filets *nerveux* qui partent du point d'attache de la feuille et se ramifient sur elle). Ainsi, dans la feuille du chêne la nervure principale du milieu se décompose en simples filets allant à droite et à gauche ;

Fig. 51. — Feuilles linéaires du chiendent.

dans celle de l'orme, le filet secondaire se décompose à son tour ; tandis que dans la feuille d'érable ou d'aconit (fig. 54) le filet qui part du point d'attache se divise en cinq branches principales, qui vont aboutir à la pointe des cinq divisions profondes de la feuille. C'est ce qu'on appelle feuille et nervures *palmées* (c'est-à-dire imitant une *paume* de main ouverte, écartant ses cinq doigts). Mais tenons-nous-en là pour aujourd'hui, et répétons-nous bien ce que je disais tout à l'heure, à savoir que si les botanistes entrent dans ces

Fig. 52. — Feuilles sagittées de l'arum.

Fig. 53. — Sagittaire.

détails, c'est que pour pouvoir s'entendre entre eux et avec les nouveaux venus qui veulent connaître les

Fig. 54. — Feuille palmée de l'aconit.

plantes, force leur est bien d'avoir des moyens de les décrire exactement, quand ils ne peuvent pas en montrer la figure.

VIII

LES PORTE-OMBRELLES

(MAI)

Ce matin-là j'arrivai chez M. Antoine avec une plante trouvée dans un pré sec, et qui m'avait paru fort singulière ; car pendant qu'une des tiges se terminait par une espèce de plateau rond, formé d'une foule de petites fleurs blanches, l'autre tige portait une espèce de chose rousse, en broussaille, creuse dans son milieu. Pour suivre la recommandation de M. Antoine, j'avais eu soin de prendre la plante avec sa racine, non sans peine, ma foi, car cette racine, d'un blanc jaunâtre, en forme de long fuseau, s'enfonçait assez profondément en terre.

La première chose que fit M. Antoine, quand je lui eus remis la plante, fut de couper la racine et de me la présenter en disant :

« Tiens, mords là-dessus, et dis-moi quel goût tu

trouves à cette racine. N'aie pas peur : je ne veux ni t'empoisonner ni même t'attraper. Mords. »

Je mordis donc sur la petite racine, que je trouvai presque aussi dure que du bois de réglisse ; mais aussitôt :

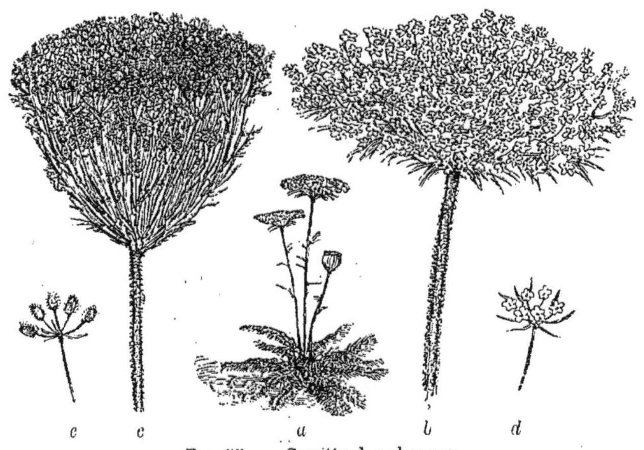

FIG. 55. — Carotte des champs.

a, aspect général de la plante. — *b*, une cime fleurie. — *c*, une cime après la floraison. *d*, les fleurettes. — *e*, les graines.

« Tiens ! fis-je, ça a tout à fait le goût de la carotte jaune, qu'on met dans le pot-au-feu.

— Rien d'étonnant à cela, répliqua M. Antoine, puisque ta plante n'est autre chose que cette carotte même, à l'état sauvage ou, pour mieux dire, naturel (fig. 55). C'est par des soins de culture, c'est-à-dire des semis en terre bien fumée, bien labourée ; par des arrosages convenables ; par des coupes de feuillés, etc., que les jardiniers ont fait de la petite

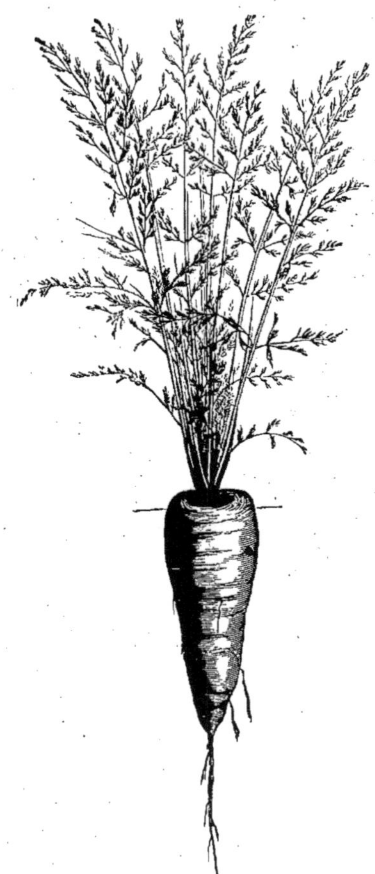

Fig. 56. — Carotte cultivée.

sauvagesse l'excellent légume si connu dans nos cui-
sines (fig. 56).

— Êtes-vous bien sûr que ce soit la même plante? demandai-je; car une différence aussi grande me semblait chose absolument extraordinaire.

— Oui, sans doute, et je te dirai pour celle-là ce que je t'ai déjà dit pour la pensée. Si tu laissais des carottes de jardin se semer toutes seules, en terre non travaillée, tu verrais peu à peu la plante retourner à son état sauvage; la racine, diminuant de grosseur, redeviendrait dure, la couleur se perdrait. Un de nos amis a fait cette expérience; et il a vu tout cela se produire; il en serait d'ailleurs ainsi de beaucoup de nos plantes de jardin. Il se passe là ce qui se passerait si des enfants de familles civilisées, instruites, étaient livrés à eux-mêmes, dans un pays où il n'y aurait que des gens grossiers et ignorants. La nature reprend vite ses droits, tu dois le comprendre.

« Quoi qu'il en soit, cette carotte sauvage a pour nous un grand intérêt, car elle va nous apprendre les principales marques qui distinguent la grande famille dont elle fait partie, et qui a beaucoup de représentants dans nos champs.

— En effet, dis-je, il m'a semblé déjà voir un certain nombre de plantes ayant un plateau fleuri comme celui-ci.

— Oui, sans doute, mais celui-ci a deux signes bien distincts, que je veux te faire remarquer. Tu vois, n'est-ce pas, que ce plateau, comme tu dis, est fait d'une quantité de petites étoiles blanches, si nombreuses qu'on aurait peine à en trouver le compte. Eh bien, regarde, juste au centre de ces centaines d'étoiles blanches, en voilà une, une toute seule (quelquefois il y en a deux ou trois cependant) qui semble avoir été trempée dans du sang presque noir : et sur

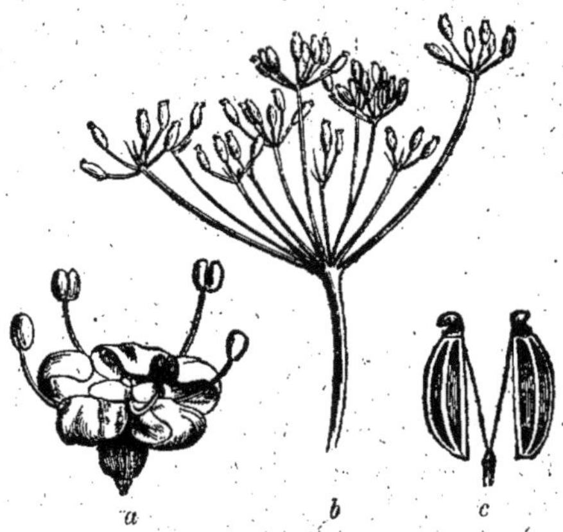

FIG. 57. — Signes particuliers des plantes ombellifères.

a, une fleur (grossie). — *b*, mode d'attache des tigelles portant les fleurs et les fruits.
c, le fruit mûr, au moment où les graines vont tomber.

la tige, où les fleurs flétries ont été remplacées par autant de petits fruits (ou graines) qu'on dirait hérissés de crins courts, tu vois que l'ensemble des petites tiges qui portent ces fruits s'est arrangé de manière à former comme un mignon nid d'oiseau. A ces deux signes : la floraison avec une fleurette rouge au milieu des blanches, et la tige à fruits formant le nid d'oiseau, tu reconnaîtras toujours la carotte parmi celles de ses sœurs ou cousines qui fleurissent en *pla-teau* comme elle.

« Maintenant que tu ne pourras plus te tromper sur le compte de celle-là, voyons un peu ce qui doit nous aider à reconnaître tous les autres membres de la famille. Et d'abord, vois, je te prie, comment les petites tiges qui portent les groupes de petites fleurettes sont attachées à la tige qui monte du pied de la plante. Ces petites tiges ou tigelles, qui partent toutes du même point, ne te semblent-elles pas disposées là comme les baleines sur un manche d'ombrelle?

— En effet.

— Voilà pourquoi les botanistes ont donné le nom de *porte-ombrelles* (ombellifères) à cette famille de plantes. Le plus souvent, à ce point d'attache des tiges qui montent pour former l'ombrelle, se trouve, comme dans la carotte, une espèce de petite collerette de feuilles, et souvent aussi cette collerette se répète plus haut, à l'endroit où, sur les petites tiges, se forme une seconde ombrelle, qui réunit les fleurettes en groupes séparés. Ces deux collerettes servent beaucoup pour reconnaître les individus de la famille.

« Toutefois, comme cette famille de plantes n'est pas seule à fleurir en ombrelle, on n'a appelé *ombellifères* que celles qui ont en même temps d'abord des corolles à cinq pièces (pétales), puis cinq étamines et deux pistils. Tout cela, à vrai dire, est bien petit dans ces

fleurettes si mignonnes; mais avec de jeunes yeux on
doit bien le voir, et au besoin on peut se servir d'un
verre grossissant, ce qui rend le spectacle plus curieux.
Une chose bien curieuse aussi, c'est que, sous la corolle,
le calice n'est guère marqué que par cinq toutes petites

Fig. 58. — Persil.

dents vertes, une pour chaque pétale. Les deux pistils
correspondent à un double *ovaire,* qui est dans la
fleur, et qui, une fois mûr, se détache en deux fruits,
qui ont mûri l'un contre l'autre, et qui se détachent
d'une bien drôle de façon. Regarde. »

En parlant, M. Antoine avait crayonné sur une
feuille de papier les trois petites figures que je reproduis ici (fig. 57) et qui fixèrent définitivement dans

mon esprit (comme ils le fixeront, je pense, dans le vôtre) tous les signes particuliers devant m'aider à reconnaître les plantes de la famille des *porte-ombrelles*.

Puisque nous parlons des ombellifères, je ne voudrais pas les quitter sans vous dire que cette famille

Fig. 59. — Petite ciguë.

contient beaucoup de plantes très saines, très utiles, comme le persil (fig. 58), le cerfeuil, le céleri, le panais, l'angélique, l'anis, etc., mais aussi deux terribles empoisonneuses, la grande et la petite ciguë, dont le feuillage peut être aisément confondu avec celui du cerfeuil et du persil, surtout pour la petite ciguë (fig. 59), qui souvent se ressème d'elle-même dans

les jardins, tandis que la grande reste habitante des
champs ; celle-ci (fig. 60) a d'ailleurs une tige toute
tachée de rouge brun et une odeur repoussante, qui la
font assez facilement reconnaître.

Heureusement, quand la petite fleurit, on a un signe

FIG. 60. — Grande ciguë.

certain pour la rejeter, à savoir que la petite collerette
de l'ombrelle aux fleurettes n'est formée que de *trois*
feuilles longues, qui pendent en dehors à la façon d'une
barbiche pointue, et que ne portent ni le persil ni le
cerfeuil. Regardez bien la figure que je mets ici, car
c'est un portrait à ne plus oublier.

IX

EN COMMUNAUTÉ

(JUIN)

S'il est une fleur aimée des enfants, c'est bien le bluet (fig. 61), dont la jolie teinte d'azur, tranchant avec le rouge vif du coquelicot, son voisin ordinaire, fait si douce figure dans les blés qui commencent à jaunir. Je savais depuis longtemps à quoi m'en tenir sur le compte du coquelicot, lorsque parut le premier bluet, que je me hâtai de cueillir. Je l'examinai très attentivement pour savoir s'il appartenait à quelqu'une des familles de moi connues, et non seulement je n'aperçus aucun des signes particuliers qui devaient m'aider à le reconnaître, mais je me trouvai en face de dispositions déroutant toutes les notions que j'avais acquises jusqu'alors.

Quand, la fleur à la main, je fis part de mon embarras à M. Antoine :

« Patience, mon enfant ! me dit-il, j'espère te

démontrer, en quelques mots, que les choses ne sont pas là aussi désordonnées et irrégulières que tu serais tenté de le croire. Jusqu'ici tu as eu affaire à des fleurs se jugeant sans doute, chacune en particulier, assez jolies ou assez importantes pour se permettre de se présenter seules à nos regards ; mais il en est d'autres qui, soit modestie, soit désir de produire plus d'effet, ont l'idée de se grouper, de s'associer, de se mettre, comme on dit, en communauté, pour se faire valoir les unes par les autres. C'est comme, par exemple, en chantant en chœur, c'est-à-dire à plusieurs voix faisant des parties différentes, on arrive à produire une musique beaucoup plus agréable que ne feraient les mêmes voix, si chacune chantait de son côté.

« Tu as cru ne m'apporter qu'une seule et unique fleur, voilà ce qui t'a dérouté ; mais je te dis, moi, et je vais te le prouver, que tu m'as apporté un grand nombre de fleurs au bout de la même tige : et voilà toute trouvée l'explication que tu cherches. Ce qui t'a paru très compliqué va te paraître bien simple du moment où je t'aurai fait remarquer que les nombreuses fleurs ou fleurettes réunies au bout de cette unique tige font tout bonnement l'économie d'un calice particulier à chacune d'elles, pour s'en donner un qui leur sert à toutes en même temps.

« Ainsi, regarde, à côté de la tige portant le groupe de fleurs épanouies, une autre tige portant un bouton.

Ce bouton est recouvert de plusieurs pièces roussâtres, appliquées les unes sur les autres, un peu à la manière des écailles d'un poisson ou des tuiles d'un toit. Ce sont les pièces qui composent le calice commun. Maintenant, pour te montrer que ces pièces d'un beau bleu, que tu as cru être les pétales d'une même corolle, sont

FIG. 61. — Bluet.

autant de corolles d'une seule pièce, et par conséquent autant de fleurs ou fleurettes distinctes, j'arrache, du milieu de la réunion, deux de ces fleurettes. J'en garde une entière (fig. 62) et, à l'aide de mon canif, je coupe l'autre en deux moitiés dans sa longueur (fig. 63). Dans la première tu vois très bien une corolle d'une seule pièce ou monopétale, c'est-à-dire une sorte de tube assez allongé, se découpant par le haut en cinq languettes. Cette corolle a amené avec elle l'ovaire ou le fruit sur lequel elle repose, et qui porte une petite garniture de poils raides. C'est la graine ou le fruit.

« Mais nous voyons sortir de cette corolle une espèce de petite massue poudreuse, et, au bout de la massue, une petite chose fourchue. Cette petite chose

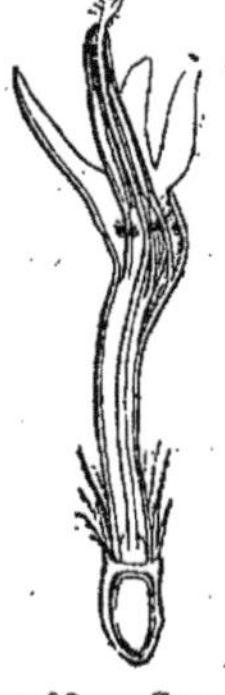

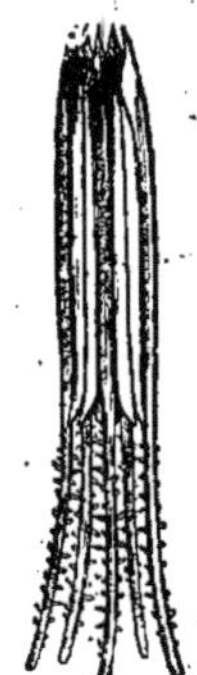

Fig. 62. — Fleur fertile du bluet.

Fig. 63. — Coupe d'une fleur fertile du bluet.

Fig. 64. — Pistil du bluet.

Fig. 65. — Les cinq étamines réunies par leurs anthères (grossies).

fourchue est le pistil (fig. 64). Il vient du fond de la corolle, c'est-à-dire de l'ovaire. En tirant légèrement dessus, il viendra à nous, et nous verrons qu'il passe au milieu de la massue. Qu'est-ce donc que cette massue? La fleur ouverte va nous l'expliquer. En effet, nous voyons que dans le bas de la corolle sont attachés cinq petits fils (les botanistes disent *filets*), qui sont les étamines ; ces filets portent, comme toutes les éta-

mines, cette espèce de chose farineuse que nous avons
d'abord appelée un petit pain et que les botanistes
appellent une *anthère*. Or, les cinq petits pains farineux
ou anthères qui portent les filets (fig. 65), se serrant
l'un contre l'autre et s'attachant même l'un à l'autre,
forment un petit cornet où passe le pistil (fig. 64).

« Et il en est ainsi de toutes les plantes — et Dieu
sait si elles sont nombreuses — dont les fleurettes se
réunissent pour fleurir dans un calice commun, comme

Fig. 66. — Fleur stérile du bluet.

celui du bluet qui est sous nos yeux. Les plantes de
cette grande famille ont reçu des botanistes le nom de
composées, qui s'explique bien de lui-même, puisque,
au moment de la floraison, ces plantes se *composent*
d'une fleur plus ou moins importante avec une quantité de fleurettes. Le mot est d'autant mieux trouvé
qu'il n'y a pas seulement de la part de ces fleurettes
une réunion pour faire, comme je disais tout à l'heure,
l'économie d'un calice particulier : on dirait vraiment
qu'elles ne s'associent que pour *composer* une fleur
plus jolie, plus élégante ; car bien souvent telles ou
telles de ces fleurettes changeront de forme, de cou-

leur, sans que nous puissions voir dans ce changement
une intention autre que d'aider à la beauté de la fleur
composée. Par exemple, dans ce bluet, dont les fleurettes du milieu sont en tube langueté, les fleurettes du
bord s'étalent et se découpent tout autrement (fig. 66),

Fig. 67. — Pissenlit.

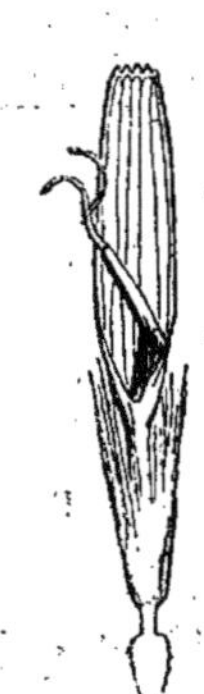

Fig. 68. — Demi-fleuron
du pissenlit.

comme pour donner un air plus coquet à l'ensemble
de la fleur.

« Elles semblent même si bien n'être là qu'en vue de
cette coquetterie, que, si nous cherchons à l'intérieur
de la corolle, nous n'y trouverons ni étamines ni pistil,
et nous verrons qu'elles ne correspondent à aucun
ovaire ou fruit. Ce sont, comme disent les botanistes,
des *fleurons stériles*. Les autres, par conséquent, sont
des fleurons *fertiles*.

Fig. 59. — Chicorée sauvage.

« Si tu veux d'autres exemples de ces arrangements ou changements que le désir de beauté semble conseiller, je t'en citerai plusieurs chez des fleurs très connues. Ainsi, regarde la pâquerette, la grande marguerite, la camomille (qui sont des composées); chez celles-là, les fleurons du centre, découpés réguliè-

Fig. 70. — Fleur radiée du seneçon jacobée ou herbe de Saint-Jacques.

rement comme ceux du centre du bluet, sont d'un jaune vif, tandis que ceux qui forment au bord une si jolie collerette sont blancs et s'étalent en languette unique (c'est ce que les botanistes nomment des *demi-fleurons*).

« Le pissenlit (fig. 67), fleur composée aussi, n'a que des fleurons à une seule languette (demi-fleurons), qui sont tous jaunes (fig. 68). C'est sa façon d'entendre la beauté, tandis que la chicorée sauvage (fig. 69), qui n'a aussi que des demi-fleurons, les garde tous d'un beau bleu violacé.

« Le seneçon, dont une espèce appelée l'herbe de Saint-Jacques (fig. 70) fleurit aussi avec une collerette (ce que les botanistes appellent une fleur *radiée* ou

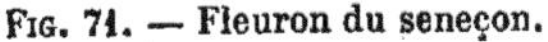

FIG. 71. — Fleuron du seneçon.   FIG. 72. — Demi-fleuron du seneçon.

fleur à rayons); le seneçon a des fleurons (fig. 71) et des demi-fleurons (fig. 72), tous jaunes; de même que le grand soleil ou tournesol des jardins (fig. 73 et 74), de même que le *tussilage* ou *pas-d'âne* (fig. 75), qui fleurit au printemps dans les terrains argileux, et qui est ainsi nommé parce que ses feuilles, plaquées sur la terre, y représentent assez bien l'empreinte que laisserait le sabot d'un baudet.

« Très souvent, en décomposant (c'est le cas de le dire) des fleurs composées, tu remarqueras, comme tu l'as pu voir dans le bluet, que la graine est surmontée de poils plus ou moins longs. C'est que, pour beaucoup de graines des composées, ces poils deviennent des

Fig. 73. — Grand soleil des jardins.

Fig. 74. — Un fleuron du soleil des jardins.

espèces d'ailes, qui leur permettent de flotter dans le vent pour aller se semer un peu partout.

« Il en est ainsi notamment pour les chardons, les seneçons, les laitues, les laiterons (fig. 76); mais c'est surtout chez le pissenlit qu'on peut bien observer cette curieuse disposition. Assurément tu as plus d'une fois trouvé, au bord des chemins, cette espèce de tête ronde (capitule) faite de poils roux que les enfants appellent *chandelle* (fig. 77) et sur laquelle ils souf-

flent pour faire tout s'envoler. Alors autant de brins
s'envolent, autant de semences de pissenlit se mettent

FIG. 75. — Tussilage ou pas-d'âne.   FIG. 76. — Laiteron commun.

en voyage, soutenues par un léger petit parachute,
que les botanistes appellent une *aigrette* (fig. 78).

« Je suis certain que maintenant, avant de souffler

sur une *chandellè,* tu regarderas comment tout cela est fait, et, quand tu auras soufflé, comment tout cela s'envole.

« J'oubliais de te dire que, pour les botanistes, le

Fig. 77. — Capitule du pissenlit avec quelques graines à aigrette.

Fig. 78. — Aigrette du pissenlit.

bluet est une *centaurée (centaurea cyanus).* Et comme les centaurées sont assez nombreuses, tu les reconnaîtras aisément à cela que les écailles du calice commun, presque toujours rousses, sont découpées sur les bords comme des dents de peigne. »

X

LES SŒURS DE LA ROSE

(JUIN)

Ayant aperçu au-dessus d'un buisson les jets vigoureux d'un églantier fleuri, j'en coupai une branche.

« Salut à la reine des fleurs, dit M. Antoine, car non seulement elle est regardée comme la plus belle, mais encore elle compte dans sa proche parenté un grand nombre de végétaux utiles à l'homme.

« Nous aurons bientôt fait de reconnaître les principaux caractères de la famille, bien que quelques-uns soient assez variables. Tout d'abord un calice qui n'a ici que cinq divisions, mais qui en a parfois dix et rarement moins de cinq. Ces divisions sont toujours en nombre égal ou double du nombre des pétales, qui sont presque toujours au nombre de cinq. Ces pétales, — et c'est là le signe le plus distinctif de la famille, — au lieu d'être, comme dans beaucoup d'autres fleurs, fixés à l'ovaire, soit dessus, soit dessous, sont toujours attachés à la gorge, c'est-à-dire à l'ouverture du calice,

Fig. 79. — Fleurs rosacées du pêcher.

ainsi que les étamines, qui sont rarement moins de douze et le plus souvent si nombreuses qu'on ne les compte plus. Rien de fixe pour le nombre des pistils,

Fig. 80. — Fleur rosacée
de l'amandier.

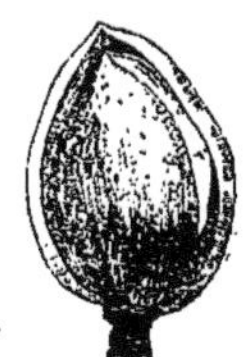

Fig. 81. — Amandier, fruit.

non plus que pour la forme et la disposition de l'ovaire, car cet ovaire devient tantôt un fruit à un seul noyau, comme la pêche (fig. 79), la prune, la cerise, l'abricot, l'amande (fig. 80 et 81); ou à cinq pépins, comme la pomme, la poire (fig. 82); ou à

graines très nombreuses, comme la fraise (fig. 83),
la framboise, la ronce (ou mûre des buissons) (fig. 84);

Fig. 82. — Fleurs rosacées du poirier.

tantôt aussi il devient un ensemble de graines sèches,
comme dans la spirée, qu'on appelle vulgairement la
reine des prés, car toutes les plantes que je viens

Fig. 83. — Rosace et fruit du fraisier.

de te nommer, simples herbes, arbrisseaux ou grands
arbres, sont toutes sœurs, ou du moins très proches
parentes de la rose que tu m'as apportée. Aussi les
botanistes les appellent-ils des *rosacées*.

— La rose, dites-vous, monsieur Antoine, quelle rose?

— Eh bien, mais, cette églantine (fig. 85, 86, 87, 88 et 89), qui n'est autre que la véritable rose à son état naturel, ou sauvage, comme on dit d'ordinaire, car il est à peu près certain que c'est par des soins de

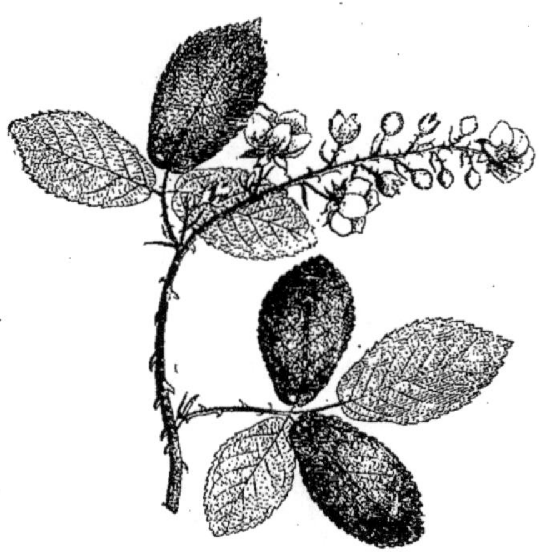

Fig. 84. — Fleur rosacée de la ronce ou mûre des buissons.

culture que la rose, qui n'avait d'abord que les cinq pétales que tu vois, en a pris un grand nombre, pour devenir la rose des jardins, que l'on nomme avec grande raison, comme je la nommais tout à l'heure, la reine des fleurs. On croit d'autant mieux qu'il en a été ainsi que c'est avec les fleurs ayant beaucoup d'étamines que les jardiniers font le plus facilement ce qu'on appelle des *fleurs doubles*. Ce sont des étamines qui se changent en nouveaux pétales. Quelquefois même, toutes ou presque toutes les étamines

FIG. 85. — Églantine ou rose sauvage.

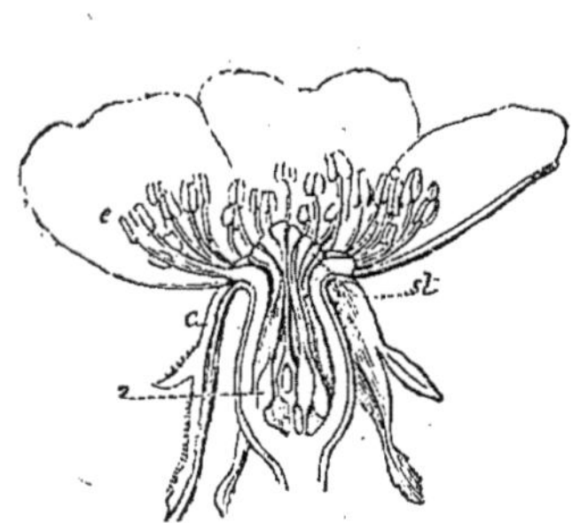

FIG. 86. — Coupe d'une fleur d'églantier.

c, calice.—e, étamine.—st, pistil.—o, ovaire.

devenant des pétales, il arrive que la fleur ne donne plus ou presque plus de graines.

— Tiens ! fis-je, pourquoi donc, monsieur Antoine ?

FIG. 87.—Fleur d'églantier vue de face.

FIG. 88.—Fleur d'églantier vue par le dos.

FIG. 89.—Fleur d'églantier en bouton.

— Je voulais t'amener à me faire cette question. Comme tu dois bien le penser, toutes les diverses pièces qui composent une fleur ne sont pas mises là sans motif, et voici ce qu'on a trouvé. Quand, au printemps, tu vois beaucoup de fleurs sur un pommier, tu te dis tout naturellement que cet arbre portera beaucoup de fruits à l'automne. Donc la floraison est pour toi l'annonce du fruit. Or tu as vu dans chaque plante un ou plusieurs ovaires, qui portent un ou plusieurs pistils, et qui deviennent des fruits de diverses formes.

« Mais à quoi bon ces pistils partant de l'ovaire pour s'en aller d'ordinaire montrer leur pointe ou leur fourche au milieu de la corolle?... Que vont-ils faire là? Je vais te le dire.

« Depuis que tu examines de près des étamines, tu as dû remarquer que toutes portent une espèce de poussière ou de farine qui s'attache aux doigts quand on y touche.

« C'est ce que les botanistes appellent le *pollen*. Eh bien, pour que les graines d'un ovaire deviennent des fruits, des semences, il faut qu'un peu de cette poussière des étamines s'attache à la pointe ou à la fourche des pistils, qui correspondent toujours aux graines de l'ovaire, et qui, d'ailleurs, sont presque toujours enduits d'une espèce de miel qui retient cette poussière. Voilà à quoi servent les étamines, selon la volonté du grand Ouvrier qui a fait et arrangé toutes ces jolies choses.

« Donc si les étamines ne sont plus là pour donner leur poussière aux pistils, les graines restent mortes et dépérissent dans l'ovaire. Et comme, même quand

elles y sont, la poussière des étamines pourrait fort
bien ne pas tomber sur les pistils, qui sont très souvent
plus élevés qu'elles, le grand Ouvrier qui a si bien or-

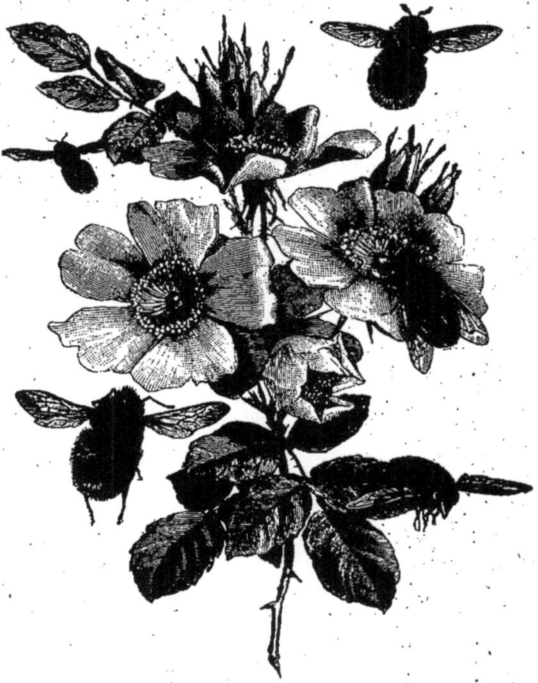

Fig. 90. — Églantier ou rosier sauvage.

donné toutes choses a dit au vent : « Tu souffleras ; »
et le vent a soufflé, qui s'est chargé de jeter la poussière
des étamines sur ce miel des pistils ; et le Créateur a
mis au monde des quantités d'insectes qui, pour boire
ou emporter le miel, sont allés visiter les fleurs (fig. 90) ;
et en les visitant, en se roulant dans la poussière des

étamines et en marchant ensuite sur les pistils, ils ont fait encore mieux que le vent de la besogne utile. Si bien que quand nous réfléchissons à tout cela, quand nous admirons la beauté des corolles, quand nous respirons les parfums que nous croyons faits pour le plaisir de nos yeux et de notre odorat, il pourra nous arriver de reconnaître que cette beauté, que ces parfums sont tout simplement à l'adresse des insectes, dont la visite est nécessaire pour que la poussière des étamines aille s'attacher au miel des pistils. »

XI

BOUTON D'OR ET CLOCHE D'ARGENT

(JUILLET)

Plusieurs fois déjà, j'avais été sur le point de prendre dans un pré, dans un fossé, au bord d'une route, un de ces *boutons d'or* (fig. 91) qui abondent à peu près partout; mais j'affectais d'oublier cette plante, avec la conviction qu'en patientant un peu j'arriverais à la classer de moi-même dans l'une des familles que nous étudiions avec M. Antoine. C'était une petite satisfaction que je voulais avoir et que je crus pouvoir me donner le lendemain du jour où nous eûmes fait connaissance avec les *rosacées* ou sœurs de la rose. Cinq pétales, calice à cinq pièces, nombreuses étamines, etc.: je me croyais bien sûr de mon affaire. Aussi, pensant que l'examen de cette fleur se bornerait à une approbation pure et simple de mon opinion, j'eus soin de prendre comme sujet d'étude

nouvelle quelques belles clochettes d'un blanc pur
attachées à de longues tiges qui escaladaient une haie
et qui portaient de grandes feuilles *sagittées* (fig. 92).

Fig. 91. — Renoncule, bouton d'or.
A, feuille. — B, fleur. — C, fruit. — D, partie souterraine de la tige.

J'arrivai donc chez M. Antoine avec ces deux plantes,
et je dois avouer que mon triomphe relatif à la prétendue découverte d'une rosacée ne fut pas de longue
durée.

« Rappelle-toi, m'objecta M. Antoine ce que je t'ai dit du signe le plus particulier des *sœurs de la rose* (comme nous les avons appelées), à savoir qu'étamines et pistil y sont toujours attachés à la gorge ou ouverture du calice, qui, de plus, est d'une seule pièce le plus souvent

Fig. 92. — Liseron des haies, fleur et feuilles sagittées.

profondément divisée, tandis que dans le bouton d'or, ou, pour lui donner son vrai nom, dans la *renoncule* que tu m'apportes, le calice est à cinq pièces ou sépales ; de plus, les étamines et les pétales sont attachés sous l'ovaire, ou futur fruit, qui est ici formé par un assemblage de petites pièces distinctes, destinées à devenir autant de graines (fig. 93).

7

« La renoncule (dont les espèces sont d'ailleurs fort nombreuses) donne son nom à une famille dont les divers genres ont souvent une floraison très irrégulière, mais qui rappellent toujours bien nettement le type primitif, surtout par l'attache des étamines et des pétales sous l'ovaire. Chez plusieurs d'entre elles d'ailleurs le calice est *caduc* (ou tombant après l'épanouissement de la fleur, comme nous l'avons vu dans la famille du pavot), et chez quelques-unes c'est tantôt le calice, tantôt la corolle qui manquent. Absence de calice, par

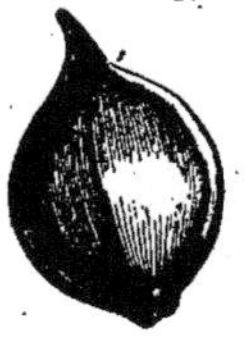

Fig. 93. — Graine de renoncule très grossie.

exemple, chez l'*anémone* dite *sylvie* (ou des bois), une des plus charmantes fleurs du printemps. A quelque distance au-dessous de la fleur, sur la tige ou pédoncule de cette gracieuse anémone, on voit trois petites feuilles formant une sorte de collerette, qui peut à la rigueur passer pour un calice; mais quand on veut être exact, on constate simplement l'absence de calice. C'est aussi ce qui a lieu, mais alors sans collerette, dans une fleur des marais, le *populage* (fig. 94). Certains botanistes veulent prétendre que chez celle-là c'est la corolle qui manque; à la voir

cependant tu en jugeras autrement, car elle a tout
l'aspect d'une grosse renoncule aux pétales d'or.

« Si tu vas quelque jour botaniser sur les montagnes,
tu y rencontreras plusieurs plantes de cette famille, qui
te surprendront par la bizarre mais gracieuse disposi-

Fig. 94. — Populage des marais.

tion de leurs fleurs. A la vérité, cette originalité a valu
à la plupart de ces montagnardes d'être naturalisées
dans les jardins. On y cultive fréquemment, par exemple, l'*ancolie* (fig. 95), avec ses fleurs faites de légers
cornets à éperons rebroussés (fig. 96); l'*hellébore noir*
ou *rose de Noël*, ainsi nommé parce qu'il fleurit vers
la fin de décembre, même quand la neige le recouvre;

enfin l'*aconit* (fig. 97) ou *char de Vénus* (ainsi nommé parce que si l'on presse sur la fleur on en fait sortir deux petites choses que — avec beaucoup de bonne volonté — l'on peut prendre pour des semblants de colombes attelées au char de la déesse.

« Je ne fais en somme que te signaler toutes ces particularités, que tu étudieras de plus près à l'occasion, car la famille à laquelle la renoncule donne son nom

Fig. 95. — Ancolie.

Fig. 96. — Fleur d'ancolie.

(on dit les *renonculacées*) fournit ample matière à l'observation. Passons à l'autre fleur que tu as apportée.

— Pardon, monsieur Antoine, dis-je, mais, avant d'aller plus loin, voulez-vous me permettre une observation?

— Non seulement je te permets les observations, mais je fais mieux, je les désire, je les attends.

— Eh bien, monsieur Antoine, je vous avouerai franchement que tout à l'heure une de vos remarques ne m'a pas paru bien claire. C'est quand vous m'avez dit

que certaines plantes de la famille des renoncules manquent tantôt de calice, tantôt de corolle. Si je com-
prends bien, quand le calice ou la corolle fait défaut,
il ne reste pas moins autour des étamines et du pistil
une chose faite tantôt d'une seule pièce, comme dans la
primevère, tantôt de plusieurs, comme dans le pavot.

Fig. 97. — Aconit.   Fig. 98. — Fleur d'aconit.

« Supposons que je rencontre une fleur qui serait en
l'état où se trouve, par exemple, une fleur de giroflée
dont quelqu'un aurait arraché soit les quatre pièces ou
sépales du calice, soit les quatre pièces ou *pétales* de la
corolle. Du moment où il n'y aura plus qu'un seul des
entourages de l'ovaire et des étamines, qui me dira si
ce qui reste est un calice ou une corolle ?

— Bravo ! fit M. Antoine, voilà une question qui me prouve que tu raisonnes ton affaire, et je t'en félicite. Sache donc que le cas dont tu parles, et auquel j'ai fait allusion à propos du *populage,* a plus d'une fois divisé d'opinion les botanistes. Le premier accord qui se fit entre eux à ce sujet fut pour admettre que, le calice étant ordinairement vert comme les feuilles, et la corolle étant de tout autre couleur, on regarderait l'enveloppe florale unique comme calice quand elle serait verte, et comme corolle quand elle serait colorée (c'est-à-dire non verte). Aujourd'hui ils font mieux : ils ne disent ni calice ni corolle, et ils ont adopté un troisième terme qui les met généralement d'accord. Ils nomment l'enveloppe florale unique le *périanthe* (mot qui signifie *autour de la fleur*), et ils ont le soin d'indiquer si ce périanthe est vert ou *coloré ;* car, bien que le vert soit une couleur pour tout le monde, il est censé n'en être pas une pour le signalement des plantes. C'est ainsi qu'on dit d'un feuillage qu'il est *coloré* quand il a d'autres teintes que le vert.

« Tout cela est d'ailleurs affaire de convention. Tu as certainement vu des lis ou des tulipes (fig. 99) venir à floraison : tu as dû voir que le long bouton qui sort et monte du milieu des feuilles est d'abord vert. Une fois que la tige qui porte ce bouton est arrivée aux environs de la hauteur qu'elle doit atteindre, le bouton, qui n'est autre que la future fleur, faite de six pièces séparées, commence à prendre couleur, et peu après cette couleur devient plus vive, plus fraîche. Enfin la fleur s'épanouit quand les six pièces ont achevé de se peindre... Et les botanistes disent du lis et de la tulipe qu'ils ont un périanthe à six *pétales* colorés.

« Maintenant nous pouvons, je crois, nous occuper de l'autre fleur

Fig. 99. — Tulipe.

— Oui, monsieur Antoine.

— Eh bien, dis-moi ce que tu y vois.

— Un calice à cinq divisions profondes, une corolle d'une seule pièce, ou *monopétale*, cinq étamines attachées au fond d'une corolle monopétale, et, au-dessus de l'ovaire, un pistil fourchu à son sommet (fig. 100, 101 et 102).

— Eh bien, il te suffit de connaître ces caractères

pour avoir le signalement de cette famille, qui dans
nos champs ne compte guère que deux genres de
plantes : celle-ci d'abord, qui a reçu le nom vulgaire
de *liseron* (les botanistes l'appellent *convolvulus,* un
mot qui vient du verbe latin *convolvere,* s'enrouler
autour, et qui s'explique par cela que les tiges de ces
plantes, qui ne se soutiennent pas d'elles-mêmes, s'at-

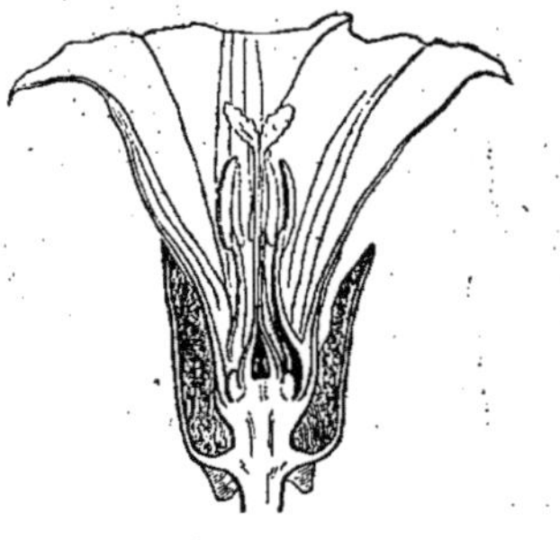 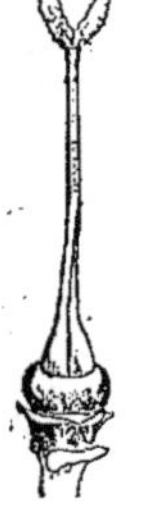 

Fig. 100. — Liseron des haies,　Fig. 101. — Liseron　Fig. 102. — Liseron
coupe de la fleur.　　　des haies, pistil.　　des haies, étamine.

tachent aux plantes leurs voisines, pour grimper plus
ou moins haut. Le grand liseron à fleurs blanches
escalade aussi des haies, des arbres même, tandis
que le petit liseron, qu'on appelle aussi, pour la
même cause, la petite *vrillée* (fig. 105), se borne à faire
l'ascension de quelques plantes basses ; très souvent
dans les moissons, où il aime à végéter, on le voit
enroulé autour des chaumes qui portent les épis. Le
volubilis (ainsi nommé à cause de sa tige *volubile*),

qui donne de si belles fleurs, est un liseron de l'Amérique méridionale naturalisé dans nos jardins.

« Et puisque nous parlons de plantes qui grimpent
en s'enroulant, — elles sont d'ailleurs assez nombreuses, — laisse-moi te faire remarquer que celles
qui se livrent à cet enroulement ne se dirigent pas
indifféremment tantôt dans un sens, tantôt dans l'autre.
Non : tous les individus de même nature évoluent

Fig. 103. — Petit liseron ou petite vrillée.

toujours dans le même sens ; ainsi, le liseron et
le haricot enroulent toujours leurs tiges de droite
à gauche, tandis que le houblon (fig. 104) et le chè-
vrefeuille vont toujours de gauche à droite.

« Si maintenant tu veux connaître l'autre genre de
plantes qui avec le liseron compose chez nous la famille
des *convolvulacées,* tâche de trouver dans un champ
de trèfle ou de luzerne des places où les feuilles paraî-
tront comme roussies par le feu. Si tu en aperçois,
regarde de près, et tu verras que dans l'étendue de

ces semblants de brûlures les tiges de la luzerne ou du trèfle sont enchevêtrées dans une quantité de petits filaments bruns qui portent des paquets de mignonnes fleurs, qu'on dirait découpées dans de l'albâtre teinté de rose. On jurerait, à la voir, la plus douce, la plus innocente des jolies créatures d'ici-bas, et pourtant

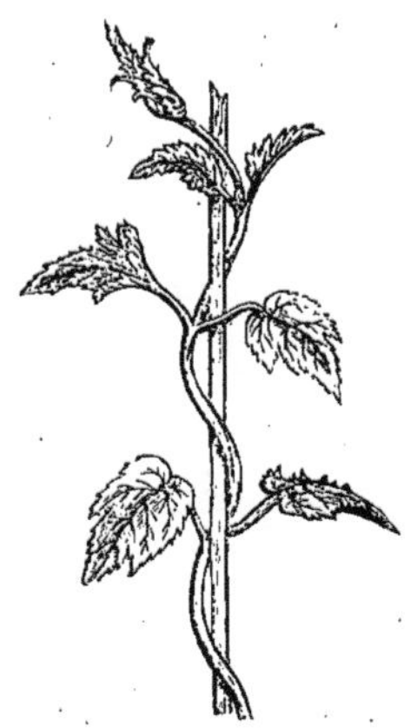

Fig. 104. — Tige volubile du houblon.

cette *cuscute* (c'est le nom qu'on lui donne) (fig. 105 et 106), n'est autre que la plus scélérate des meurtrières. Toute plante qu'elle touche est une plante morte, et voici comment. Quand elle sort de terre sous l'aspect d'une toute petite tige bien frêle, ne pouvant se soutenir d'elle-même, elle cherche un appui sur les plantes voisines. Dès qu'elle a pu en atteindre une et s'y cramponner par sa tige volubile, sa racine se dessèche.

Dame Cuscute porte tout le long de sa tige des espèces de suçoirs qui, se collant à la malheureuse plante saisie, boivent à proprement parler le sang de celle-ci, qui peu à peu meurt d'inanition. Ce qui prouve qu'il

Fig. 105. — Cuscute.

Fig. 106. — Cuscute grossie.

ne faut pas se fier aux apparences et s'enquérir un peu sur le compte des gens que l'on assiste.

— Le sang de la plante saisie, dites-vous, monsieur Antoine ! Les plantes ont donc un sang ?

— Oui, sans doute, un sang connu sous le nom de *sève*; c'est le liquide qui porte dans toutes les parties de la plante, où il circule, la nourriture puisée pour elle dans la terre par les racines. Quand tu étudieras la botanique à l'aide des livres, ils t'indiqueront de très curieuses observations à faire sur la circulation de la sève. Moi, je me borne à tâcher de te mettre en goût. Le reste, tu le feras tout seul. »

XII

MYSTÈRES ÉCLAIRCIS

Ce matin-là, contre ma coutume et contre l'avis de M. Antoine, qui m'avait recommandé de ne lui apporter jamais qu'une fleur à la fois, j'arrivai avec trois fleurs qui m'avaient beaucoup intrigué : tout d'abord la mauve commune, que je connaissais bien (fig. 107), mais où j'avais cru voir que les étamines, très nombreuses et réunies sur une espèce de colonne, occupaient seules le centre de la fleur. J'avais vainement cherché le pistil.

« Très bien ! fit M. Antoine, j'aime ces remarques, qui me prouvent que tu remplis attentivement la tâche de chercheur : car c'est là le meilleur, le plus sûr moyen de bien apprendre. »

Sur quoi M. Antoine, plaçant la pointe de son canif au pied de la colonne (fig. 108) qui portait les étamines

et fendant cette colonne dans sa longueur, me fit voir
qu'elle était creuse, et que dans l'intérieur se trouvait
logé une espèce de petit pinceau (fig. 109) qui n'était

Fig. 107. — Mauve commune.

autre que le pistil. Comme tout pistil doit le faire,
celui-là partait de l'ovaire. Cet ovaire, placé dans le
calice, avait la forme d'un petit melon cantaloup aplati
(fig. 110), chaque côte indiquant une graine, et le
pistil ayant par en haut autant de brins qu'il y avait
de côtes au petit melon, c'est-à-dire de graines dans

l'ovaire ; donc, contrairement à ce que j'avais cru voir, tout était là dans le meilleur ordre possible. Plus le moindre mystère !

FIG. 108. — Les
étamines.

FIG. 109. — Pistil
et calice.

FIG. 110. — Calice
et fruit.

« La mauve, me dit M. Antoine, est à peu près dans nos champs la seule plante de sa famille, à qui d'ail-

FIG. 111. — Branche de cacaoyer, fruit ouvert.

leurs elle donne son nom (on dit les *malvacées*) ; mais outre les grandes mauves de nos jardins (la guimauve et la rose trémière), cette famille compte, en d'autres pays, plusieurs plantes très curieuses ou très précieuses. D'abord, par exemple, le cacaoyer (fig. 111), qui donne les amandes dont on fait le chocolat; puis

Fig. 112. — Cotonnier.   Fig. 113. — Coque
du cotonnier.

le baobab, un des plus gros arbres que l'on connaisse, et enfin le cotonnier (fig. 112 et 113). Le fruit du cotonnier est une sorte de coque, contenant un certain nombre de graines brunes, grosses à peu près comme un pois, entourées d'un duvet dont je n'ai pas besoin de t'indiquer l'utilité… Mais tu m'as apporté une autre plante.

— Deux plantes, monsieur Antoine.

— Comment deux plantes? Je ne vois que le grand lychnis dioïque, comme l'appellent les botanistes, ou la *lampette* blanche, de son nom populaire, ainsi nommée parce qu'au bout de sa longue tige, ses fleurs retombantes semblent suspendues à la façon d'une

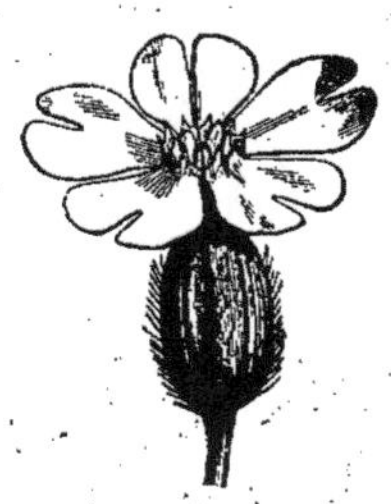

Fig. 114. — Grand lychnis ou lampette.

lampe rustique (fig. 114). Tu as cueilli deux fois le même sujet, voilà tout.

— Pardon, monsieur Antoine, répliquai-je. D'abord, en effet, j'ai cru que c'était là même plante, car la tige, les feuilles, la corolle, sont absolument semblables; mais, en y regardant de plus près, j'ai trouvé dans l'une des étamines, sans pistil, sans ovaire, et dans l'autre un pistil à cinq branches sur un ovaire en globule, mais point d'étamines. Qu'est-ce que cela signifie?

— Cela signifie, mon enfant, que tu as rencontré une des plantes où, par exception, certains pieds ne

8

portent que des fleurs à étamines, tandis que certains autres ne portent que des fleurs à pistil et à ovaire. Aussi les botanistes appellent-ils ces plantes *dioïques* (de deux mots grecs, *dis*, deux, et *oïkos*, maison : c'est-

Fig. 115. — Chanvre, pied à pistil.

à-dire ayant deux maisons ou domiciles pour les fleurs différentes).

« Sur le pied à pistil se forment et mûrissent les graines, mais sur les autres, une fois que les étamines ont rempli leurs fonctions, qui est de donner la poussière appelée *pollen*, la fleur se flétrit sans qu'aucune graine lui succède. Tu pourras voir cela dans le chanvre (fig. 115 et 116) aussi bien que dans la lampette.

C'est pour ces plantes-là, bien plus que pour toutes autres, que sont indispensables les visites des insectes dont nous parlions l'autre jour. L'abeille, par exem-

Fig. 116. — Chanvre, pied à étamines.

ple, a coutume, à ce qu'on assure, de ne visiter chaque jour qu'une même espèce de fleurs. Donc l'abeille, venant de visiter la lampette à étamines, qui ont mis leur poussière à ses pattes velues, s'en va sur la lampette à pistil. Et tout est bien.

« Il t'arrivera aussi de rencontrer des plantes qui portent sur le même pied des fleurs n'ayant que des étamines et d'autres n'ayant que des pistils. C'est ce que tu pourras voir sur les plants de melons (fig. 117),

Fig. 117. — Tige de melon, portant des fleurs à pistil et des fleurs à étamines.

de potirons (fig. 118), de concombres. Tu pourras le voir aussi dans une plante fort commune, avec laquelle tu feras connaissance à l'aide d'un signe bien caractéristique. Sans doute tu l'as déjà remarquée, car il a dû t'arriver qu'en prenant certaine plante des bords des chemins, et en brisant l'une de ses tiges, tu en as vu sortir un lait d'une blancheur très engageante.

— En effet ; mais j'y ai goûté, et je n'ai certes pas
eu l'envie de recommencer.

— Et tu as bien fait, car ce lait n'est rien moins
qu'un poison assez violent. Cette plante, — dont il y a
dans nos champs de très nombreuses espèces, qui
toutes peuvent être reconnues au lait blanc qui découle
des tiges quand on les brise, — cette plante s'appelle

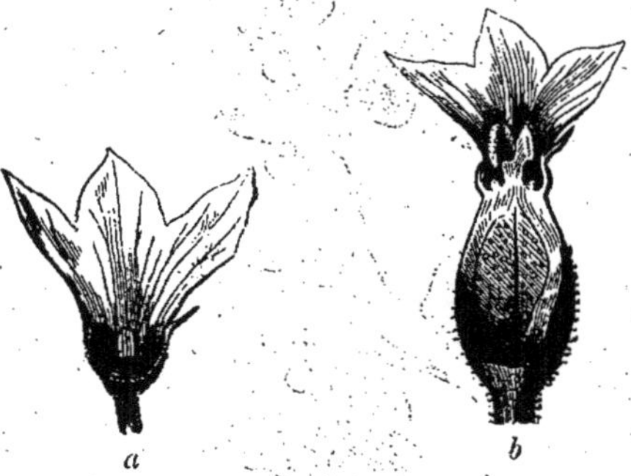

FIG. 118. — Potiron.

a, fleur à étamines. — *b*, fleur à pistil.

euphorbe, ou *herbe aux verrues* (fig. 119), parce que,
dit-on, une goutte de son lait placée sur une verrue fait
tomber cette excroissance ; mais je ne t'engage pas à
en faire l'expérience.

« Les botanistes disent de ces plantes-là qu'elles
sont *monoïques* (c'est-à-dire à une *seule maison*, ou un
seul domicile pour des fleurs différentes).

« Il y a aussi des plantes où, sur le même pied, l'on
trouve des fleurs n'ayant que des étamines, des fleurs

n'ayant que le pistil, et des fleurs ayant régulièrement les étamines et le pistil réunis ; mais ne nous embarrassons pas de ces raretés.

« La lampette dioïque blanche a pour sœur une autre fleur bien connue, la grande lampette violette, la *nielle* (fig. 120), qui fait un si joli effet dans les moissons, au

FIG. 119. — Euphorbe épurge.

grand déplaisir des cultivateurs, qui voudraient bien ne pas l'y voir, parce que la graine noire qu'elle produit, se mêlant au blé, rend la farine amère.

« Si maintenant tu veux connaître les vrais caractères de la famille des lampettes, dite famille des *caryophyllées* (ainsi nommée du grand œillet des jardins, *dianthus caryophyllus*, qui lui-même doit ce nom au girofle, dont il a l'odeur, et qui s'appelait jadis *caryo-*

phyllum, tu n'as qu'à regarder bien attentivement soit la lampette blanche que voici, soit une petite plante que l'on trouve presque en tout temps : le mouron des oiseaux. Chez l'une comme chez l'autre tu verras une tige qui de distance en distance est un peu renflée, en

Fig. 120. — Nielle des blés.

forme de nœuds; de chacun de ces nœuds partent deux feuilles opposées, *entières* (c'est-à-dire dont le bord n'est jamais découpé). Le calice est tantôt d'une seule pièce, en tube ou en cloche, mais divisé sur les bords, comme dans la lampette, ou à plusieurs pièces (quatre ou cinq) étalées, comme dans le mouron. Les pétales (le plus souvent quatre ou cinq) sont tantôt à grande languette recourbée, entrant au profond du calice, comme dans la lampette, tantôt entiers ou fen-

Fig. 121. — Œillet.

dus presque jusqu'à leur point d'attache, comme dans le
mouron des oiseaux, qui semble d'abord avoir dix pé-

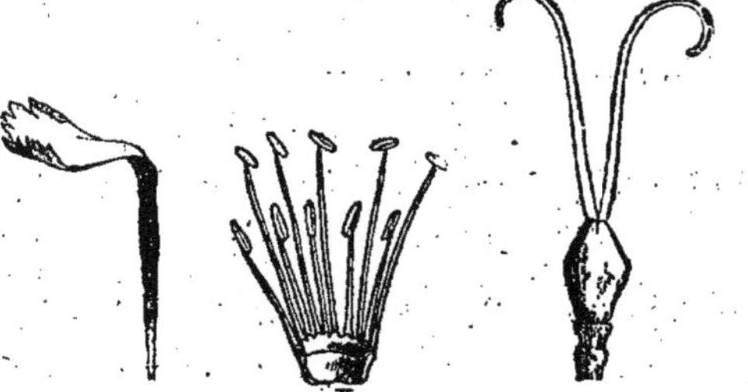

Fig. 122.—Œillet,   Fig. 123.—Œillet,   Fig. 124.—Œillet,   Fig. 125.—Œillet,
   un pétale.   étamines.   pistil.   fruit.

tales, tandis qu'il n'en a vraiment que cinq. Les étamines sont en même nombre ou en nombre double des

pétales, les pistils ne sont jamais plus de cinq, et enfin

FIG. 126. — Saponaire.

le fruit, qui contient toujours des graines assez nombreuses, est une petite boîte ou capsule qui, pour

FIG. 127. — Spergule.

laisser tomber les graines quand elles sont mûres,
s'ouvre ordinairement par le haut (fig. 125).

« Maintenant cherche des *caryophyllées*, que presque tout le monde pourra t'indiquer, par exemple

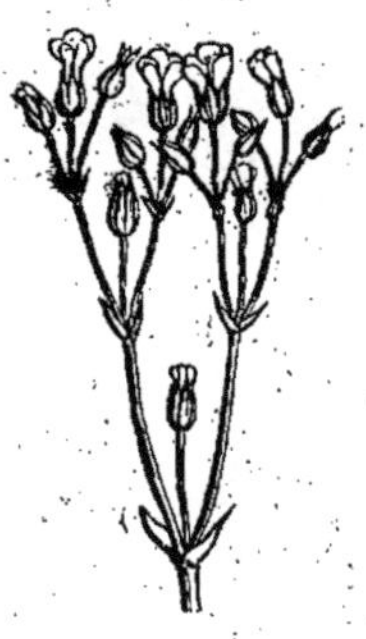

FIG. 128. — La Ceraiste.

l'œillet (fig. 121, 122, 123, 124, 125), la saponaire (fig. 126), la spergule (fig. 127), le silène, la ceraiste (fig. 128), la stellaire, etc., et vérifie si j'ai su te donner le signalement exact de la famille. »

XIII

LES CLOCHETTES

(JUILLET)

Ce jour-là je rencontrai la mère Angèle qui rôdait le long des haies humides. Se courbant de temps en temps, elle saisissait la tige d'une plante portant de jolies petites clochettes bleues et, tirant à elle, amenait une racine blanche de la grosseur du petit doigt (fig. 129). Puis, la petite racine séparée et mise dans la grande poche de son tablier de cotonnade, la mère Angèle rejetait la tige fleurie.

« Que voulez-vous donc faire de ces racines, mère Angèle? demandai-je.

— Les manger, pardienne! Ça fait une excellente salade.

— Ah! et comment appelez-vous cette plante?

— La *raiponce*.

— Raiponce! Qu'est-ce que ça veut dire?

— Ah ! ma foi ! je n'en sais rien ! »

Et la mère Angèle s'en alla plus loin continuer sa cueillette ménagère.

Curieux d'interroger M. Antoine sur ce sujet, je tirai à mon tour de terre une de ces racines, que j'eus bien soin de ne pas séparer de la tige fleurie.

Fig. 129. — Campanule raiponce.

Chemin faisant pour me rendre chez mon professeur, j'aperçus à la fente d'un vieux mur ruiné une plante portant des clochettes bleues absolument semblables à celles que je tenais à la main (fig. 130), mais toutefois un peu plus grandes. J'arrachai cette plante et n'y trouvai pas la même racine qu'à l'autre : au lieu d'une partie épaisse, on eût dit un petit paquet de crins.

J'emportai donc l'une et l'autre plante, qui devaient être évidemment deux espèces du même genre.

Je ne me trompais pas. Quand M. Antoine les vit, il me dit que c'étaient en effet deux *campanules* (nom qui vient de *campana,* cloche, et signifie *clochette*). « La première, ajouta-t-il, a reçu le surnom de *raiponce,* qui est la traduction du mot latin *rapunculus,* petite

FIG. 130. — La plante du vieux mur.

rave, à cause de sa racine charnue). Les botanistes ont donné à la seconde la qualification de campanule à *feuille ronde (rotundifolia),* parce que rondes sont, en effet, les premières feuilles qu'elle a en sortant de terre, et qui, se desséchant bientôt, font que l'on ne s'explique pas ce baptême pour une plante sur laquelle on ne voit plus guère que des feuilles allongées. Ce n'est pas d'ailleurs le seul cas où les donneurs de noms ont été mal conseillés. Un jour, par exemple,

il pourra t'arriver de rencontrer une autre campanule
beaucoup plus grande et d'apparence lourde (fig. 131
et 132), qui d'ailleurs a été introduite dans les jardins,
et à laquelle on a donné le gentil surnom de *carillon*,
qui certainement conviendrait bien mieux à quelque

Fig. 131. — Campanule carillon.

espèce de campanule à fleurs très légères, assemblage
de clochettes que la moindre haleine secoue et qui
semblent vraiment carillonner, tandis que cette grosse-
là, si elle sonnait, aurait évidemment le son grave d'un
bourdon.

— Quoi qu'il en soit, puisque tu m'as apporté deux
campanules, — qui donnent leur nom à la famille des

campanulacées, — fais-moi le plaisir de les examiner toutes deux en détail et de me dire quels sont leurs principaux caractères. Voyons.

— Un calice à cinq divisions...

— Remarque qu'il est placé au-dessus de l'ovaire, lequel devient une capsule ou boîte à graines, comme tu peux le voir sur la plante du vieux mur, dont quelques fleurs sont déjà tombées.

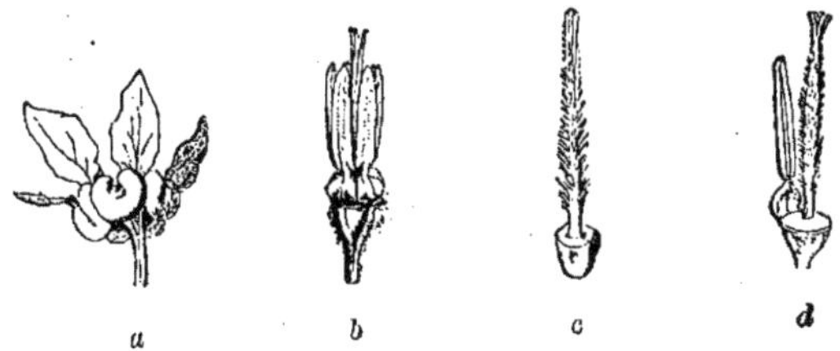

Fig. 132. — Campanule carillon.

a, ovaire et calice. — b, étamines et pistil. — c, pistil. — d, pistil et une étamine.

— Une corolle monopétale à cinq divisions; cinq étamines attachées sur l'ovaire; enfin un style unique, qui se divise en plusieurs branches à son sommet.

— Très bien! Ce signalement peut servir à reconnaître tous les membres de la famille, qui chez nous n'est pas très nombreuse; car, outre les campanules, elle ne renferme guère que deux ou trois genres, que tu rencontreras sûrement plus tard, et notamment une très jolie petite fleur des moissons qu'on a baptisée *miroir de Vénus* et que d'ailleurs les botanistes appellent eux-mêmes *spéculaire*, d'un mot latin qui signifie *miroir*.

« Avant de quitter les campanules, reprit M. Antoine, je voudrais profiter de la différence que tu as remarquée en arrachant ces deux espèces pour nous occuper un peu des racines, qui jouent, comme tu dois le comprendre, un grand rôle dans la vie de la plante. La racine, le plus souvent souterraine, est à la fois pour

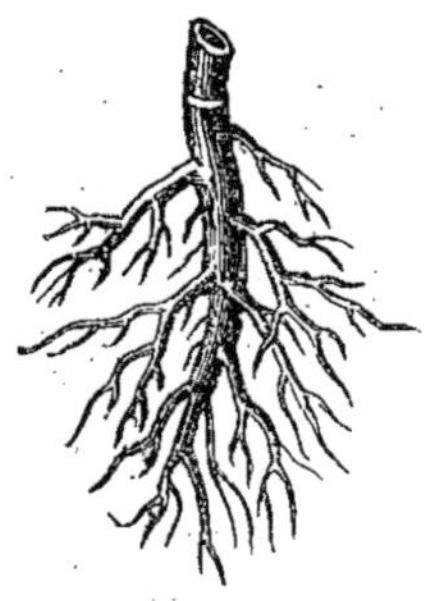

Fig. 133. — Racine pivotante de l'orme.

la plante un point d'appui, d'attache, et un organe d'alimentation. Selon la forme que prend une racine, les botanistes lui donnent divers noms. Ils appellent, par exemple, racine pivotante celle qui s'enfonce verticalement dans la terre, à la façon d'un piquet. Mais tantôt cette racine pivotante est dure, résistante, comme celle de certains arbres (fig. 133) et de beaucoup d'autres plantes ; tantôt elle est charnue et molle, comme celle de la *campanule raiponce* que tu as apportée, ou comme celle de la *carotte*, de la *betterave* (fig. 134).

Fig. 134. — Racine pivotante de la betterave.

Quand la racine est uniquement composée de filaments plus ou moins fins, on la dit *fibreuse* (fig. 135). Du

Fig. 135. — Racine fibreuse.

reste, presque toutes les racines, si grosses, si dures qu'elles soient, ont des parties fines, déliées, auxquelles

Fig. 136. — Bulbe du poireau.

Fig. 137. — Bulbe du lis.

on a donné le nom de *chevelu,* qui se comprend de lui-même. Parfois aussi la partie principale de la racine forme ce qu'on appelle un *bulbe* ou *oignon,* comme dans le *lis* ou le *poireau* (fig. 136 et 137),

qui sont d'ailleurs pourvus d'un abondant chevelu.
D'autres fois la racine forme une masse qu'on appelle

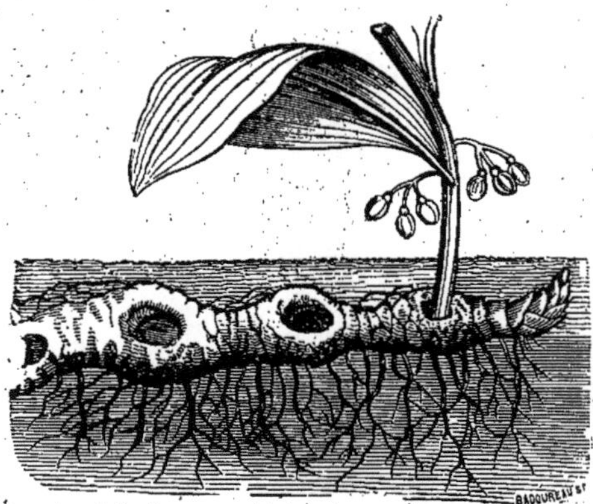

FIG. 138. — Rhizome du sceau-de-Salomon.

rhizome, comme dans le *nénuphar* ou dans une très
curieuse plante de nos bois qui a reçu le nom de *sceau-*

FIG. 139. — Fraisier et ses coulants.

de-Salomon, à cause de l'espèce de marque ronde et
creuse qu'y laisse chaque année la tige qui tombe à
l'hiver (fig. 138).

« Il y a aussi les racines dites *traçantes*, comme celles de chiendent, qui se développent en tous sens sous terre. Certaines plantes qui rampent sur le sol, comme,

Fig. 140. — Racines adventives du lierre.

par exemple, la fraise, ont des racines supplémentaires ou *adventives* qui naissent de distance en distance sous les nœuds de la tige (fig. 139). Les jardiniers en profi-

Fig. 141. — Racine tubéreuse du dahlia.

tent pour multiplier facilement ces plantes. C'est aussi par des racines adventives que le lierre (dont la vraie racine, celle qui le nourrit, est au pied de l'arbre ou du mur qu'il escalade) se cramponne pour son ascension (fig. 140). Il y a des racines dites *tubéreuses,* comme celles du *dalhia* (fig. 141) et du *topinambour,* et des racines fibreuses dont les fibres donnent naissance à des masses ordinairement farineuses qu'on appelle des *tubercules,* comme dans la *pomme de terre* (fig. 145).

XIV

BONNES NOURRICES ET EMPOISONNEUSES

(AOUT)

Ce que M. Antoine m'avait dit des racines tubercu-

FIG. 142. — Pomme de terre,
fleurs.

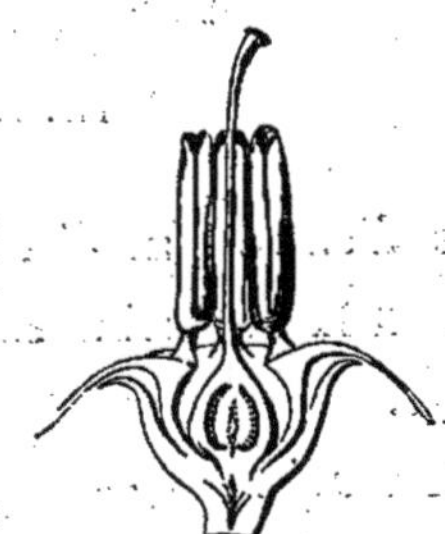

FIG. 143. — Coupe de la fleur
de pomme de terre.

leuses de la *pomme de terre* fit que je lui en apportai
une tige fleurie (fig. 142 et 143)

« Nous nous trouvons là, me dit-il, en présence
d'une famille très nombreuse, dont les membres ont
presque tous des facultés particulières, mais qui ne
sont pas tous également recommandables : car pendant
que quelques-uns nous fournissent, comme la pomme
de terre, la plus précieuse ressource alimentaire, plu-

Fig. 144. — Tomate.

sieurs d'entre eux distillent de violents poisons, dont
pourtant la médecine se sert quelquefois très heureusement.

« Les *solanées* — car c'est ainsi que la famille est
appelée, de *solanum*, nom latin du genre auquel
appartient la *pomme de terre* (*solanum tuberosum*) —
ont pour caractère un calice monosépale à cinq divisions plus ou moins profondes, une corolle monopétale

Fig. 145. — Racines à tubercules de la pomme de terre.

ordinairement aussi à cinq *lobes* (ou découpures intérieures), cinq étamines, attachées à la base de la corolle, un seul style, fixé sur un ovaire qui devient tantôt une baie, tantôt une capsule, l'une ou l'autre renfermant des graines nombreuses.

FIG. 146. — Tabac.
Plante entière. — A, fleur. — B, fruit. — C, graine.

« Le genre *solanum* (ou morelle), auquel appartient la pomme de terre (dont on mange la racine tuberculeuse et non la petite baie qui lui sert de fruit), a pour espèces la *tomate* (fig. 144), l'*aubergine*, le *poivre long* ; et c'est à peu près le seul genre de solanées qui nous fournisse des aliments ; mais la famille compte

comme l'un de ses membres les plus importants, les
plus remarquables, certain sujet dont l'absence, si elle
venait à se produire, jetterait un grand trouble dans
l'humanité ; car, sans être un aliment, et tout en étant

FIG. 147. — Belladone.

A, corolle ouverte. — B, étamine. — C, coupe transversale du fruit.

même un véritable poison, il donne lieu à une con-
sommation considérable. Je veux parler du *tabac*
(fig. 146), dont l'usage n'était pas connu chez nous
il y a quatre cents ans et qui maintenant est devenu
indispensable à la grande majorité des hommes.

« Le tabac, originaire de l'Amérique, ne se trouve

pas dans nos champs : mais la famille des *solanées* y est représentée par une véritable collection d'empoisonneuses redoutables, qu'il est très intéressant de

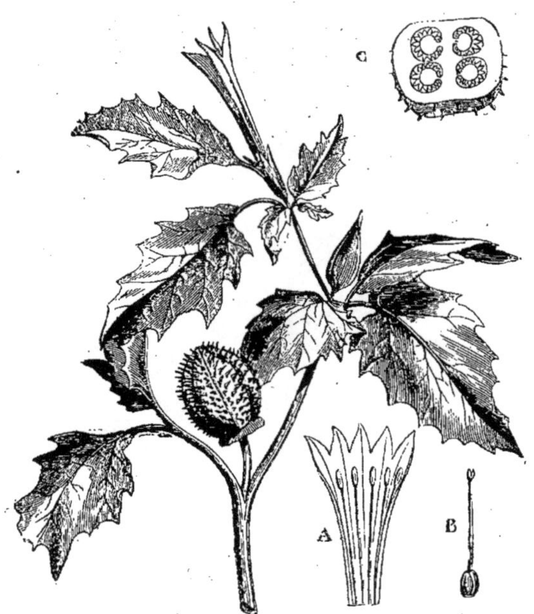

FIG. 148. — Datura stramoine.

A, corolle ouverte, montrant les étamines. — B, pistil. — C, coupe transversale du fruit.

connaître pour se mettre en garde contre elles. La *belladone* (fig. 147), par exemple, porte de petites baies, fort engageantes et de goût assez agréable, qui ont plus d'une fois causé de graves accidents.

« Non moins dangereuse est la *stramoine datura*

dite *pomme épineuse* (fig. 148), dont il serait impru-
dent de cueillir les jolies fleurs blanches au long tube

Fig. 149. — Jusquiame.

plissé ; mais au moins celle-là répand une odeur
repoussante, qui fait qu'on la rejette d'instinct ; et
c'est aussi, Dieu merci, ce qui arrive pour la *jusquiame*
(fig. 149), qu'aucun animal ne touche et qu'il faut tenir
en grande défiance. »

XV

BEC-DE-GRUE, BEC-DE-HÉRON, BEC-DE-CIGOGNE

(AOUT)

J'avais cueilli, sur un vieux mur, certaine petite plante à tige rougeâtre et velue, au feuillage finement découpé, d'un vert gai, portant pour fleurs de toutes petites étoiles roses, à cinq pétales bien arrondis, et pour fruits des espèces de graines très allongées et très pointues.

Comme je me rendais chez M. Antoine avec ma cueillette, je rencontrai la même brave femme qui déjà m'avait appris les prétendues vertus de la vipérine.

« Quelqu'un de chez toi serait-il pris d'esquinancie, me dit-elle, que tu portes le robertin, l'herbe à Robert (fig. 150), remède souverain pour cette sorte de maladie?

— Pourquoi ce nom d'« herbe à Robert »? demandai-je.

— Ah! je n'en sais rien! d'ailleurs on dit souvent aussi, ce qui vaut mieux, herbe à esquinancie. » Et la vieille passa son chemin.

En arrivant chez M. Antoine, je répétai ma question :

« Pourquoi ce nom d'herbe à Robert? Qu'était-ce que le Robert qui a donné son nom à cette herbe?

Fig. 150. — Géranium (bec-de-grue), herbe à Robert.

— Tu vois, n'est-ce pas, me répondit M. Antoine, que la tige de la plante est rouge. A cause de cela, les anciens l'avaient nommée *ruberta, rubertina* (de *ruber*, qui veut dire rouge). De *ruber* à Robert la distance n'est pas grande : de *rubertina*, on fit robertine, et la robertine devait facilement devenir l'herbe à Robert. Les botanistes, d'ailleurs, lui ont gardé ce nom, qui semble rappeler le souvenir d'une personne. Ils l'appellent *geranium Robertianum*. Quant au nom de *géranium,* il signifie en latin *grue.*

« Regarde le fruit de la plante, et tu auras la raison de ce singulier baptême. Ne dirait-on pas un long bec d'oiseau? Mais ce fruit n'est pas singulier rien que dans sa forme. Quand il arrive à maturité, les anciens brins du pistil, qui portent les graines, se détachent

Fig. 151. — Géranium, les graines se détachant.

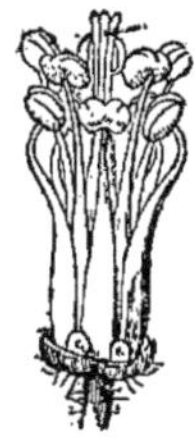

Fig. 152. — Géranium, étamines et pistils.

par en bas (fig. 151); cette espèce d'arête se roule en spirale, et de là résulte un ressort qui lance les graines au loin. De plus, les brins qui restent attachés aux graines se contournent ou se détendent selon qu'il fait sec ou humide, et par ces mouvements ils arrivent à enfoncer la graine dans la terre.

« Quoi qu'il en soit, ce bec, qui est encore plus long chez une autre plante de la famille, très commune dans nos champs, l'*érodium* (ce qui veut dire héron), est un caractère qui suffit à faire reconnaître toutes les *géra-*

niées. Dans les jardins on en cultive une autre, le *pélargonium*, ainsi nommé de *pelargos*, qui en grec veut dire *cigogne*.

« Voilà trois noms d'oiseaux à long bec, et il est bien certain qu'en donnant de tels noms à ces plantes on a entendu dire : *bec-de-grue, bec-de-héron, bec-de-cigogne.* C'est ainsi, d'ailleurs, que les botanistes les désignent quand ils les nomment en français.

Fig. 153. — Coupe d'une fleur de géranium.

« Dans les géraniées, tout se compte par cinq ou dix. Cinq pièces (ou sépales) au calice, cinq pétales à la corolle, dix étamines, cinq pistils (fig. 152 et 153), cinq graines dans l'ovaire.

« Comme les *géraniums*, ou becs-de-grue, et les *érodiums*, ou becs-de-héron (fig. 154), sont assez nombreux en tant qu'espèces diverses dans nos champs; et comme il n'est pas de jardin où l'on ne cultive les *pélargoniums* ou becs-de-cigogne, tu ne seras pas en peine, je pense, pour observer à ton aise tous ces curieux becs d'oiseaux.

— Puisque vous savez si bien expliquer d'où viennent les noms, dis-je à M. Antoine, pouvez-vous m'apprendre pourquoi cette menue plante que je viens de

Fig. 154. — Érodium (bec-de-héron), à feuilles de ciguë.

trouver au bord d'un chemin s'appelle, à ce qu'on m'a
dit, l'herbe aux sorciers? Est-ce encore, comme pour
le géranium, un nom de couleur qui est devenu un
nom de personne?.

— Non; cette fois le nom dit bien ce qu'il paraît dire.
Cette petite plante, on ne sait trop pourquoi, — car elle
n'a vraiment aucune vertu particulière, — était déjà
chez les anciens Grecs regardée comme toute-puissante
en magie, en sorcellerie : ils l'appelaient *iéra-botané*
(ou plante sacrée) et la tenaient en effet pour telle.

Les Latins avaient fait du nom grec celui de *verbena* (fig. 155), d'où est venu le nom actuel. Ils avaient coutume de s'en couronner quand ils faisaient des sacrifices à leurs dieux pour invoquer leur protection ou désarmer leur colère. Quand ils concluaient la paix avec d'autres peuples, les hommes (les hérauts) chargés d'offrir le traité portaient à la main des rameaux de *verveine*; et chez nos ancêtres les Gaulois, les druides et les druidesses, prêtres et prêtresses du Dieu des forêts, cueillaient avec de grandes cérémonies la verveine, qu'ils appelaient, à ce qu'on assure, *ferfaën*, et qu'ils distribuaient au peuple, pour être conservée dans la maison comme un gage de bénédiction. Plus tard, les prétendus sorciers s'en servirent beaucoup pour leurs prétendus sortilèges. Ainsi s'explique que dans nos campagnes des idées superstitieuses soient restées attachées à cette plante de si humble apparence. Quoi qu'il en soit, il faudrait maintenant tâcher de savoir à quelle famille elle appartient. Qu'en penses-tu? me demanda M. Antoine.

— Je la mettrais volontiers parmi les labiées, répondis-je.

— Ah! et pourquoi?

— 1° La tige est carrée; 2° la corolle d'une seule pièce, ou monopétale, passerait facilement pour avoir deux lèvres; 3° les feuilles sont opposées; 4° dans le tube de la corolle il y a quatre étamines, dont deux sont plus courtes; 5° au fond du calice sont quatre fruits ou graines, d'où part un pistil fourchu, comme j'en ai vu dans beaucoup de labiées.

— Voilà, en effet, bien des caractères qui sont ceux des labiées; mais n'avons-nous pas dit que dans les labiées les fleurs naissent toujours au point d'attache des feuilles?

Fig. 155. — Verveine, herbe aux sorciers.

— Ah! c'est vrai.

— Tandis que dans cette verveine les fleurs s'échelonnent tout le long d'une longue tige non feuillée. Aussi la verveine n'est-elle pas tout à fait une labiée; mais les botanistes ont donné son nom à une famille de plantes qu'ils placent tout auprès de celle des labiées et qu'ils appellent les *verbénacées*.

« Cette petite verveine, si célèbre dans l'histoire, quoi qu'elle ait si peu d'éclat, est seule de sa famille et même de son espèce dans nos champs ; mais tu pourras voir dans les jardins des collections superbes de verveines étrangères, et quelques autres jolies plantes qui sont les très proches parentes de notre ci-devant *herbe aux sorciers*. »

XVI

MASCARADE

Comme j'examinais très attentivement une plante que je venais de cueillir au bord d'un chemin sec, et dont les fleurs, d'un jaune de soufre, formaient une fusée le long de sa tige (fig. 156), un vieux paysan passant par là me dit :

« A la façon dont tu regardes cette herbe, je crois que tu te trompes sur son compte en la prenant. Tu te figures peut-être que c'est du lin, parce que la feuille est la même ; mais ce n'est que du *lin sauvage,* qui n'est bon ni à donner du fil ni à servir de remède : une mauvaise herbe, quoi !

— Ce qui ne l'empêche pas d'être jolie, » répliquai-je. Et je m'en allai la montrer à M. Antoine, à qui je rapportai la réflexion du paysan.

« Ils appellent cela du lin sauvage, dit M. Antoine,

parce que la feuille a, en effet, beaucoup d'analogie
comme forme et comme couleur avec celle du lin véritable. Mais ce prétendu lin sauvage n'est pas plus un
lin que l'ortie blanche n'est une ortie : ce qui te prouve

Fig. 156. — Linaire.
a, fleur. — *b*, fruit.

une fois de plus que la forme des feuilles ne fut jamais
un caractère botanique.

« Tu vois ici des fleurs absolument irrégulières, c'est-
à-dire non symétriques, ou dont les contours extérieurs
ne s'arrangent pas de façon à former un cercle à peu
près parfait, comme par exemple dans les fleurs des
rosacées. La fleur de lin est, au contraire, très régu-

lière; et comme les véritables lins sauvages ne sont
pas rares dans nos champs, si tu en rencontres tu pourras voir que tout y est à peu près par *cinq* : un calice à
cinq pièces ou sépales, une corolle à cinq pétales ; cinq

Fig. 157. — Lin.

étamines, qui ont cela de très curieux dans leur disposition qu'elles sont attachées par leur base à une espèce
d'anneau qui les réunit toutes ; cinq pistils sur un ovaire,
qui devient une petite boîte ; six capsules à cinq ou
dix logettes (fig. 157). Les lins sauvages ont des fleurs
tantôt roses, tantôt blanches, tantôt d'un bleu vif ou
très pâle : mais chez tous les caractères distinctifs sont

les mêmes; cherche surtout à les reconnaître par l'anneau portant les étamines.

« Quant à la plante que tu as cueillie, — et que les botanistes, tenant compte du nom populaire, appellent d'ailleurs *linaire,* — elle va nous servir à connaître une importante famille, très proche parente de celle des labiées. Regarde la forme bizarre de ces fleurs, continua M. Antoine, qui, en ayant détaché une et la pressant de côté au bout de ses doigts, la faisait s'ouvrir comme une espèce de petite gueule. Ne dirait-on pas qu'elle va parler, ou qu'elle demande à avaler quelque chose ?

— En effet, répliquai-je, et j'ai déjà vu pareille chose chez une fleur de jardin qu'on appelle, je crois, le muflier ou la gueule-de-loup (fig. 158).

— Eh bien, ce muflier, cette gueule-de-loup, dont tu parles, n'est autre qu'une sœur ou une cousine de la linaire que voici; et comme ces fleurs-là rappellent assez bien certains masques grotesques, les botanistes, se souvenant que les acteurs romains nommaient *persona* le masque qu'ils se mettaient sur le visage pour jouer la comédie, ont donné aux plantes de cette famille le nom de *personnées,* ce qui fait de l'ensemble une sorte de mascarade.

« Si nous ouvrons une de ces fleurs, nous y trouvons quatre étamines, dont deux plus courtes attachées et allongées sous ce que nous pourrions appeler le *palais*

de cette bouche, et nous pourrions nous croire en présence d'une fleur de labiée, car il y a là aussi un seul
pistil partant du fond du calice ; mais nous voyons
qu'au lieu de partir, comme dans les labiées, du milieu

FIG. 158. — Gueule-de-loup, fleurs et fruits.

de quatre fruits ou graines, ce pistil est planté au bout
d'un fruit unique, qui devient une capsule, où abondent
des graines très fines, très menues, et qui, lorsqu'elle
est mûre, s'ouvre ordinairement par deux ou trois
trous. C'est ainsi que la différence de caractères s'établit très nettement entre les labiées et les personnées.

« Quelques personnées ont, comme les labiées, les feuilles opposées, mais leur tige n'est pas carrée. Toute l'analogie, qui peut tromper de prime abord, se borne donc à la forme de la corolle ; mais, pour peu qu'on regarde au fond de cette corolle, ce fruit unique qu'on y trouve fait qu'il n'est pas possible de confondre les deux familles.

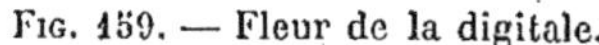

Fig. 159. — Fleur de la digitale.   Fig. 160. — Corolle de la digitale.

« A la famille des personnées appartient une très grande et très jolie fleur des hautes montagnes cultivée dans les jardins, la *digitale* (fig. 159 et 160), ainsi nommée de *digitus,* doigt, parce que ses fleurs, allongées et creuses, ont un peu la forme d'un doigt de gant, — ce qui fait qu'on l'appelle aussi *gantelée* ou *gant de Notre-Dame.* — Dans la digitale les deux lèvres de la corolle sont à peine sensibles. Elles le sont bien davantage dans une plante des prés humides qui a un calice gonflé, et que l'on appelle vulgairement *crête-de-coq*, tandis que les botanistes la nomment *rhinante* (mot qui vient du grec, où il signifie museau) (fig. 161). Lèvres très bien marquées aussi dans une fleurette des prés secs, l'*euphraise* ou *casselunettes*, ainsi nommée

Fig. 161. — Rhinante.

parce que, disait-on, elle guérissait les maux d'yeux ; et dans la *scrofulaire*, plante à petites fleurs d'un rouge sombre qui végète dans les fossés, ainsi que dans le *mélampyre*, dont une espèce, appelée *blé de vache* ou *rougeole*, en forme de petits panaches rougeâtres, se mêle au blé des moissons, au grand déplaisir du culti- vateur, parce que sa graine noire et amère donne un mauvais goût à la farine. Tous les paysans, toutes les

bonnes femmes, sauront t'indiquer ces quelques plantes, et en les examinant, en les comparant, tu pourras
reconnaître bien précisément les caractères qui distinguent cette curieuse famille. »

XVII

FLEURS AILÉES

Depuis longtemps j'avais remarqué dans presque tous les gazons des coteaux et de la plaine certaine petite plante à tige et feuilles très menues, portant au bout d'une fine tigelle un petit paquet de fleurs d'un jaune d'or, légèrement lavées de rouge d'un côté, et que remplaçaient, une fois les fleurs flétries, trois ou quatre mignonnes gousses noires, un peu recourbées en crochet par le bout, si bien qu'on eût dit un pied d'oiseau armé de ses ongles.

Un jour je cueillis cette plante pour la porter à M. Antoine. Chemin faisant, ayant pressé entre mes doigts une de ces gousses, j'en vis sortir plusieurs petites graines rousses, absolument comme d'une cosse de pois. Et comme je passais près d'un champ ou un carré de pois tardifs avait encore des fleurs et des gousses, je pris une de ces fleurs et de ces gousses, et en les rapprochant de la fleur et de la gousse de ma première plante je vis qu'il y avait entre les fleurs et les fruits des deux plantes une ressemblance si grande, qu'en arrivant chez M. Antoine, je lui demandai si ce n'étaient pas là deux espèces de pois.

« Pas tout à fait, me répondit le brave homme; mais si ce ne sont pas des sœurs, au moins sont-ce des cousines, c'est-à-dire deux membres d'une famille très nombreuse, très importante, dont les caractères sont si bien tranchés qu'il est impossible de les confondre avec ceux d'aucune autre famille; mais aussi, ce que j'appellerai l'air de famille étant très nettement marqué chez tous les membres qui la composent, il arrive qu'on a parfois quelque difficulté pour les distinguer les uns des autres.

« Je n'ai pas à te dire le nom de la plante que tu as prise au jardin et qui va d'ailleurs nous servir de type pour les détails (fig. 162). Quant à l'autre petite plante, si commune partout, les botanistes l'appellent le *lotier corniculé* (*lotus corniculatus*) (fig. 163); mais les agriculteurs lui donnent vulgairement, selon le pays, les noms de *trèfle cornu, pois-joli, trèfle jaune, pied-de-pigeon*.

« Si tu veux maintenant savoir le nom que porte la famille, regarde bien la fleur du pois (fig. 164), et dis-moi ce qu'il te semble de sa tournure, de sa façon

Fig. 162. — Pois comestible.

de se présenter. N'a-t-elle pas quelque peu l'air d'avoir des ailes pour voltiger?

Fig. 163. — Lotier, pied-d'oiseau.

— En effet, l'on dirait un papillon posé sur une tige.

— Et voilà trouvé, mon enfant, le nom que les premiers et plus grands botanistes ont donné à cette immense famille : *papillonnées,* ont dit les uns, *papi-*

lionacées, ont dit les autres : et bien que les derniers venus aient préféré la baptiser du nom de son fruit, qui en botanique s'appelle un *légume,* dont on a fait *légumineuses* (un assez vilain nom), tout le monde s'entend encore quand on parle des *papilionacées,* gentil nom, joli nom, qui dit bien l'aspect de ces gentilles et jolies fleurs.

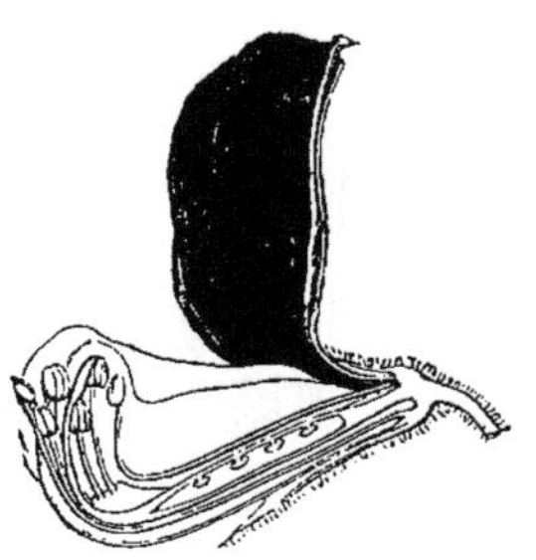
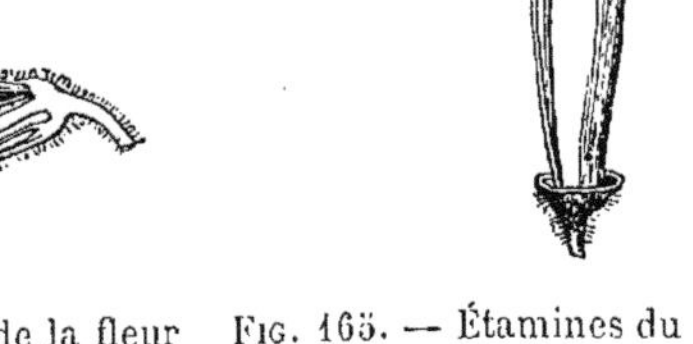

FIG. 164. — Coupe de la fleur du pois.

FIG. 165. — Étamines du pois : 9 ensemble, 1 isolée.

« Pour savoir comment ces fleurs sont faites, décomposons celle du pois. Nous voyons un calice d'une seule pièce, mais ordinairement découpé en cinq divisions, et parfois formant deux lèvres, un peu à la façon des fleurs des labiées.

« Comme pétales, nous en trouvons d'abord un plus large que les autres, bien étalé, qui a reçu le nom d'*étendard.* Il est là, semblant servir de voile, de parasol, de pavillon. Enlevons-le. Au-dessous, en voici deux autres moins grands, qu'on a nommés les *ailes.*

FIG. 166. — Luzerne.

Ces ailes se rapprochent l'une de l'autre, comme pour en protéger deux autres beaucoup plus petites encore, qui, enroulées pour ainsi dire ensemble et relevées à leur extrémité, ont la forme d'une coque de navire, ce

Fig. 167. — Trèfle.
A, fleur isolée.

qui est cause qu'on leur a donné le nom de *carène*, dont les marins se servent pour désigner la partie inférieure des vaisseaux.

Mais ce n'est pas pour rien que ces deux petits pétales s'enroulent aussi étroitement. Si nous les déroulons, nous voyons qu'ils recouvraient avec un soin très délicat les étamines (fig. 165) et l'ovaire ou fruit futur. Les étamines, d'abord allongées, se relèvent par le bout ainsi que le pistil, qui forme un coude très brusque. Combien sont-elles? Comptons...

« Dix en tout... mais il y a cela de curieux que, par-dessous, nous en trouvons neuf qui sont liées ensemble par leur base, formant une sorte de gaine fendue, tandis que par-dessus en voici une qui vient toute seule du fond du calice. Il en est ainsi chez le trèfle (fig. 167), la luzerne (fig. 166), le sainfoin (fig. 168), le mélilot, la lentille, le pois chiche, la glycine, le robinier (qu'on appelle ordinairement acacia), le lotier ici présent, et chez bien d'autres papilionacées. (Tu vois que la famille compte maintes *personnes* qui nous rendent de grands services.) Mais parfois aussi les dix étamines ne forment qu'un seul groupe, par exemple dans l'ajonc, la fève (fig. 169), le genêt, le cytise, la brugrane ou arrête-bœuf.

« Quoi qu'il en soit de leur disposition, excepté en deux ou trois cas, il n'y en a jamais que dix, ni plus ni moins, allongées sur l'ovaire, que le pistil termine comme toujours; et c'est aussi le pistil qui, en se redressant, donne la courbure à la carène.

« Quant à cet ovaire, il devient une gousse ou légume, qui ressemble assez à la silique des crucifères (fig. 170); mais il en diffère par la façon dont ses pièces se comportent à la maturité Tu as vu la silique des crucifères

Fig. 168. — Sainfoin.

formée de trois pièces, dont deux se détachent par leur
pointe d'en bas pour découvrir une cloison à laquelle
les graines sont attachées; chez les papilionacées, la
gousse s'ouvre en longueur à la façon d'un livre, ou

Fig. 169. — Fève.

d'une moule, et les graines sont attachées aux cosses,
qui s'écartent l'une de l'autre. Si par hasard tu n'y
avais jamais fait attention, regarde un jour écosser
des pois.

« Donc, outre que la forme ou la composition de la
fleur (car il en est dont les pétales sont moins étalés

que ceux du pois) pourrait te faire reconnaître toute
plante papilionacée, rappelle-toi les étamines (parfois

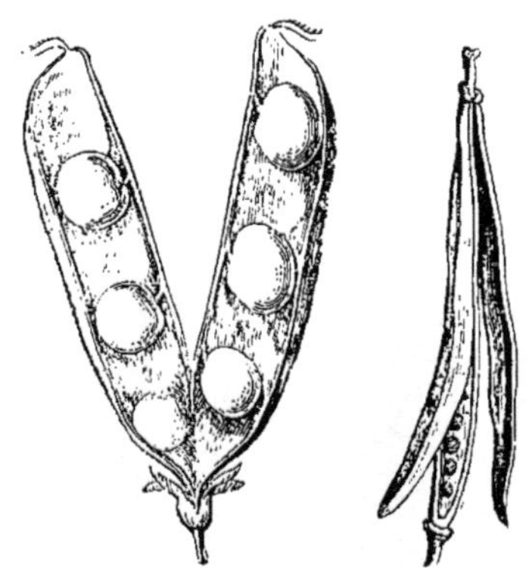

Fig. 170. — Comparaison de la gousse du pois
et de la silique du colza.

réunies, et plus souvent neuf ensemble, une isolée),
puis le légume s'ouvrant à charnière, enfin deux
cosses qui portent les graines et ne laissent point de
cloison entre elles comme dans les crucifères. »

XVIII

ENTONNOIRS ET PETITES ÉCUELLES

(SEPTEMBRE)

Les journées se faisaient courtes, les nuits froides ; les feuilles jaunies tombaient autour des arbres. On venait d'achever les vendanges et l'on était en pleines semailles. Il n'y avait plus guère de fleurs dans les champs ni aux marges des chemins. Un matin je remarquai que tout un quartier de prairie humide était semé de petits points d'un violet tendre. J'allai voir de près et je trouvai de-ci de-là des espèces de longs entonnoirs très délicats, qui semblaient plantés là on ne sait comment, car la fleur n'était accompagnée d'aucune feuille. Pour tâcher de connaître au moins la racine, j'essayai de tirer sur plusieurs de ces fleurs ; mais le petit tube — que j'appellerais volontiers le goulot de l'entonnoir — se rompit à courte distance ; et je dus ne porter à M. Antoine que des fleurs isolées, sans aucune des autres parties qui composent la plante proprement dite.

Quand je lui dis mon mécompte : « C'est que tu n'as pas su t'y prendre, me repartit M. Antoine. Descends au jardin, tu y trouveras une de ces petites bê- ches creuses qu'on appelle houlettes ; emporte-la avec toi dans la prairie, enfonce-la auprès d'une de ces fleurs, puis rabats le manche et enlève ce qui se trou- vera pris dans le fer de la bêche. »

Je fis ce que m'avait indiqué M. Antoine, et j'amenai au jour un petit oignon aplati d'un côté, d'où partait la fleur, mais, encore une fois, je ne vis pas le moindre feuillage.

Quand je revins auprès de M. Antoine, je vis qu'il s'était fait apporter un pied de poireau fraîchement arraché. Et comme je lui demandais si notre plante à oignon n'avait réellement point de feuilles :

« Pour le moment, non, me répondit-il ; en automne l'oignon fleurit, et au printemps prochain seulement se montrent quelques grandes feuilles au milieu des- quelles se trouve le fruit, formé de deux ou trois cap- sules renflées où sont les graines. Cette plante est, en réalité, une originale.

— Comment l'appelle-t-on, je vous prie?

— Elle a deux ou trois noms vulgaires très signifi- catifs. Sache d'abord, pour n'avoir pas la tentation de goûter à son oignon, que l'on s'en sert pour empoison-

ner les appâts que l'on tend aux bêtes sauvages ; d'où
le nom de *tue-loup*. D'autres la nomment *veilleuse* ou
veillotte, parce qu'elle fleurit à l'époque où l'on commence à *veiller* le soir. On l'appelle aussi *ferme-saison*,

FIG. 171. — Colchique d'automne.

parce qu'elle est une des dernières fleurs de l'année.
(C'est par elle d'ailleurs que, forcément en quelque
sorte, puisque les sujets vont nous manquer, nous
allons clore nos entretiens, pour les reprendre, si bon
te semble, au printemps.) Les botanistes enfin la nomment *colchique* (fig. 171), en sa qualité d'empoison-

neuse, et en souvenir de l'ancienne Colchide, contrée fameuse dans l'antiquité par le grand nombre de plantes vénéneuses qu'elle produisait. »

En parlant ainsi, M. Antoine, introduisant un canif dans l'une des fleurs, l'avait ouverte en longueur pour l'analyser. « Comme tu vois, me dit-il, nous n'avons ici qu'une seule enveloppe florale : un périanthe coloré. Ce périanthe est à *six* divisions; il contient *six* étamines, et l'ovaire est couronné de *trois* pistils très allongés. Te souvient-il que nous ayons déjà étudié des fleurs où les divisions, les organes, aillent ainsi par trois, par six ?

— Dans les seules *porte-croix* les étamines sont au nombre de six, mais calice et corolle ont quatre pièces; et dans la plupart des autres plantes dont nous nous sommes occupés, c'est par cinq et par dix que les choses s'arrangent.

— Tandis qu'ici et dans la plupart des plantes qui ont des racines à bulbes, tout marche par trois ou multiples de trois : trois, six, neuf.

— Pourquoi cela, monsieur Antoine?

— Pourquoi, mon enfant? Je serais, certes, bien en peine de te le dire, car le *pourquoi* des choses naturelles nous échappe très souvent. Je sais seulement que ces plantes-là appartiennent à une grande classe de végétaux, dont l'organisation semble en principe toute différente de celle des plantes que nous avons examinées jusqu'ici. La différence primitive s'établit du reste par la conformation de la graine et par la façon dont la plante commence à végéter. Comme je prévoyais que nous ne tarderions pas à aborder cette question, j'ai semé dernièrement dans un vase,

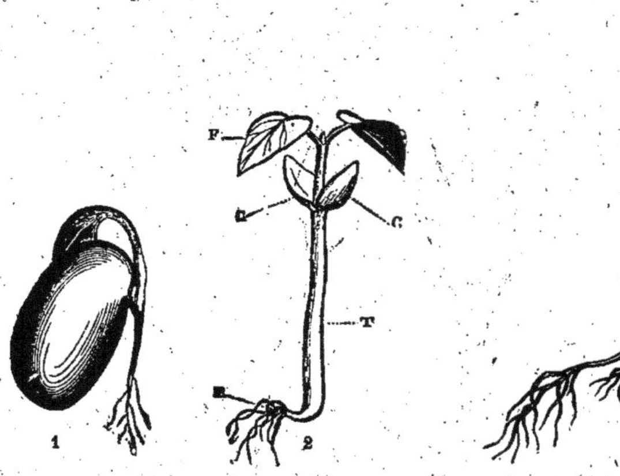

Fig. 172. — Germination du haricot.
1 : Phase peu avancée. — 2 : R, racine ; T, tige ; C, C, cotylédons ; F, feuille.

Fig. 173. — Maïs en germination.

que tu vas prendre sur la fenêtre et mettre là, devant moi, quelques graines de *haricot* (fig. 172), appartenant à la classe de plantes que nous avons précédemment observée, et quelques graines de *maïs* (fig. 173), représentant la classe de plantes que nous abordons aujourd'hui pour la première fois. Les unes et les autres ont germé. Arrache une plante de chaque espèce et vois comment les choses se sont passées.

« Dans le haricot, la graine, que la tige a d'ailleurs soulevée hors de terre, s'est ouverte en deux parties comme une charnière, et du milieu de la charnière s'est élancée une tigelle, qui fait naître des feuilles allant dans un sens et dans l'autre. Dans le maïs, au contraire, la graine est restée en terre, et pendant que

Fig. 174. — Carex des sables.

la racine poussait vers la profondeur du sol, de l'autre côté une espèce de cornet est venu au jour, sans que la graine se fende en deux parties, comme dans le haricot. Donc la graine du haricot est faite de deux pièces, et celle du maïs d'une seule.

« Les botanistes, qui ont parfois de singulières idées, ont pris pour désigner les pièces des graines un nom qui vient du grec et qui signifie *cavité* ou petite *écuelle*.

S'ils ont choisi ce nom, c'est que, selon eux (et ils semblent vraiment avoir raison), la partie ou les parties de
la graine qui d'ordinaire sont farineuses font pour la

Fig. 175. — Feuilles à nervures parallèles d'une plante
monocotylédone (orchis).

plante qui vient de naître l'office d'une nourrice, lui
donnant du lait en attendant qu'elle soit en état de
s'alimenter elle-même (par la racine). La petite écuelle
qui a reçu le nom de *cotylédon* est donc supposée
pleine de lait. Et comme on a remarqué que, selon que

la graine a un seul ou plusieurs *cotylédons*, le mode
de végétation des plantes diffère essentiellement, l'on
a fait deux grandes classes spéciales, l'une pour les
plantes dont la jeune graine boit le lait nourricier dans

GRAMINÉES CÉRÉALES

FIG. 176. — Froment.   FIG. 177. — Seigle.

une seule écuelle, et qui ont reçu le nom de *monocotylédones*, l'autre dite des *dicotylédones*, qui comprend
les plantes dont la graine a deux *écuelles*. (On place
d'ailleurs dans cette dernière classe certaines plantes,
fort rares à la vérité, dont la graine est faite de plus de
deux pièces.)

« Quoi qu'il en soit, les monocotylédones, dont nous

nous occupons à propos du *colchique*, ont cela de particulier que leurs organes (et parfois leur forme) affectent ordinairement la disposition par trois ou multiple de trois : par exemple les *carex*, qui ont la

GRAMINÉES CÉRÉALES

FIG. 178. — Avoine.

FIG. 179. — Orge.

tige triangulaire (fig. 174). L'on a en outre remarqué que les nervures de leurs feuilles, au lieu de se ramifier, de se subdiviser, comme nous l'avons vu dans la plupart des autres plantes (*dicotylédones*), sont généralement *parallèles*, comme tu peux le voir dans les feuilles de ce *poireau*, que je me suis fait donner pour te le montrer, ainsi que dans toutes les plantes à bulbes ou

oignons (fig. 175). Tu n'as d'ailleurs qu'à regarder
les feuilles de la plupart des plantes dites *céréales*:
le froment (fig. 176), le seigle (fig. 177), l'avoine

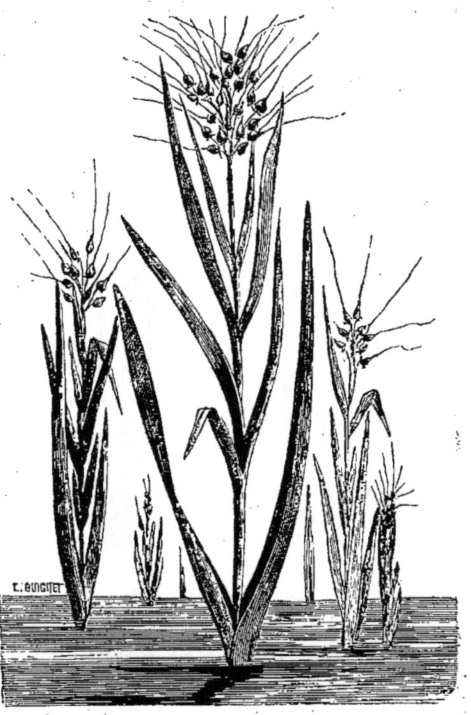

Fig. 180. — Riz.

(fig. 178), l'orge (fig. 179), le riz (fig. 180) et presque toutes celles qui composent l'herbe des prés, et
qui sont des *monocotylédones* (fig. 181 à 184). L'an
prochain nous étudierons cette grande et curieuse famille dite des *graminées*, qui est si largement utile à

l'homme. Tu n'y trouveras ni calice ni corolle proprement dits, parce qu'il n'y a pas coloration des écailles

GRAMINÉES FOURRAGÈRES

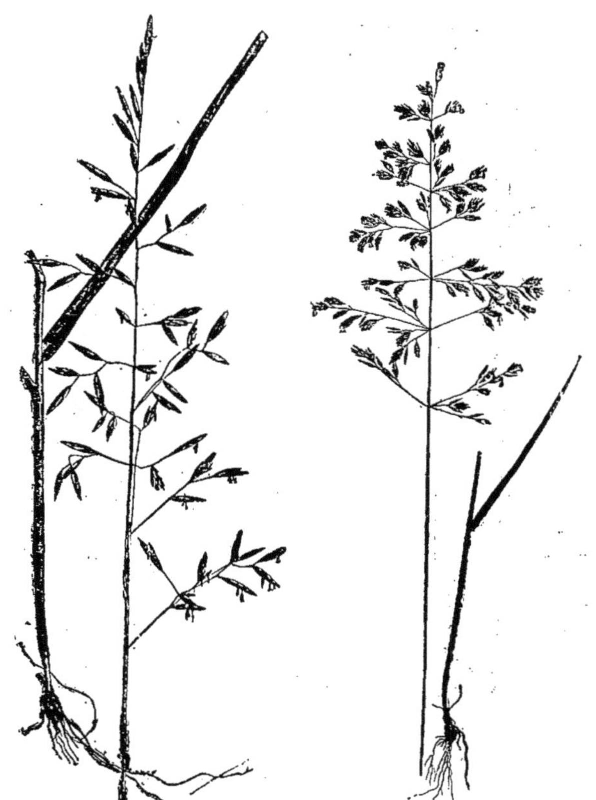

FIG. 181. — Fétuque.   FIG. 182. — Paturin.

qui en tiennent lieu (fig. 185); mais tu verras les *trois*
étamines, les pistils et toujours les feuilles à nervures
parallèles...

« Donc, voilà qui est dit, nous nous arrêtons là pour

GRAMINÉES FOURRAGÈRES

Fig. 183. — Houlque.　　　　　Fig. 184. — Vulpin.

cette année. Pendant l'hiver, si tu m'en crois, ou
plus tôt si, comme je le suppose, j'ai réussi à te faire
prendre goût à la connaissance des plantes, tu feras

bien d'étudier, dans un traité que je te prêterai, maintes questions relatives à l'organisation, à la classification, à la description des végétaux, questions que je n'ai pu que t'indiquer sommairement. Les beaux

Fig. 185. — Fleur isolée du froment.
sq, écailles. — *e*, étamines. — *st*, pistil plumeux.

jours revenus, tu te trouveras ainsi avoir une préparation qui te permettra de faire des progrès beaucoup plus rapides. »

Comme nos entretiens botaniques étaient en quelque sorte achevés, je crus devoir faire remarquer à M. Antoine qu'après avoir, pendant toute la belle saison, tâché d'apprendre à reconnaître les *familles* végétales, je ne me croyais pas encore bien fixé sur le sens à donner à ce mot de *famille.*

« Ne t'en étonne pas trop, me répondit M. Antoine,

car les maîtres de la science eux-mêmes sont quelquefois en désaccord à ce sujet; mais tu peux, en tout cas, admettre les quelques points que voici :

« 1° On entend par *famille* un ensemble de plantes dont les organes principaux, c'est-à-dire ceux de la floraison et surtout de la fructification, ont une analogie très évidente.

2° On entend par *genres* des groupes de plantes de la même famille qui diffèrent de leurs proches parentes par certaines dispositions moins importantes; exemple : chez les crucifères, les *moutardes* se distinguant par une silique à long et fort bec aplati.

3° Enfin l'on entend par *espèces* des plantes du même genre qui diffèrent par de simples détails; exemple : la moutarde *à graine noire*, la moutarde *à graine jaune pâle* ou *blanche*, etc.

XIX

SIMPLE CAUSERIE

Pour avoir cessé de lui porter des plantes dont il faisait le sujet d'entretiens pratiques, je ne laissais pas cependant de visiter mon excellent maître, avec qui, tout naturellement, nous causions encore de l'aimable science dont je lui devais les premières notions.

Un jour, me voyant arriver avec une mine quelque peu rembrunie, il me demanda quel pouvait être le sujet de l'ennui qui se lisait sur mon visage.

« Ce sujet, le voici, lui répondis-je : deux ou trois camarades, qui n'ont peut-être pas les mêmes goûts que moi, ou qui éprouvent quelque jalousie des leçons que vous voulez bien me donner, m'ont fort taquiné tout à l'heure sur l'étude à laquelle je me suis livré avec vous. Après avoir prétendu d'abord que par le système dont nous nous sommes servis il est impossible d'ap-

prendre sérieusement la botanique, ils en sont arrivés
à vouloir me démontrer que cette science, en somme,
n'est qu'une pure affaire de mots appris par cœur;
que les résultats à obtenir en ce sens ne valent pas la
peine que je me donne; que, lorsque je saurai appeler
toutes les plantes du pays par leur nom, ce sera
comme si je renfermais en moi quelques pages de vo-
cabulaire, et rien de plus. Bref, toute une suite de critiques auxquelles j'ai répondu de mon mieux, mais
qui ne m'ont pas moins contrarié, parce que...

— Parce que tu as cru voir qu'elles avaient quelque
valeur, reprit M. Antoine. Tu es vraiment bien bon,
mon cher enfant, de prendre ces choses au sérieux.
Laisse dire les malins petits camarades, qui peut-être
ne pensent pas un mot de ce qu'ils disent et critiquent,
pour le seul plaisir de critiquer, — ce qui d'ailleurs
arrive très souvent dans le monde.

— Ce n'est pas tout, monsieur Antoine.

— Ah !

— Après les petits camarades, j'ai eu affaire à la
mère Angèle, qui, vous le savez, se flatte, non sans un
véritable orgueil, de connaître toutes les plantes qui,
comme elle dit, *méritent* d'être connues.

— J'entends, celles dans lesquelles on peut trouver
quelque remède, véritable ou prétendu, pour la gué-
rison de telle ou telle maladie...

— Oui, et, d'après elle, s'occuper des plantes bonnes

Fig. 186. — Les Gaulois cueillant le gui sacré.

contre les maladies sans apprendre à connaître leurs vertus, c'est assurément perdre son temps, tout aussi bien que de prendre garde à celles qui nous sont inutiles comme remède ou comme aliment.

— Eh bien, laisse dire la mère Angèle; apprends à l'occasion les services médicaux ou alimentaires que certaines plantes peuvent nous rendre, — chose que d'ailleurs la plupart des flores t'indiqueront, mais que cela ne t'empêche pas de considérer les autres végétaux.

— Ce n'est pas tout, Monsieur Antoine.

— Quoi donc encore?

— Mon cousin Prosper, qui fait collection d'insectes et empaille des oiseaux, ne peut comprendre que je ne partage pas ses goûts; il prétend que la botanique ne lui *dit rien*, parce qu'elle ne s'occupe que de choses inertes, chez lesquelles on ne trouve ni instinct, ni volonté, ni industrie, tandis que les insectes l'intéressent par leurs transformations, leur caractère, leur industrie, et tandis que de beaux oiseaux bien empaillés ont l'air d'être vivants, et que sais-je encore?... Tantôt Prosper m'a de nouveau répété cela sur tous les tons: j'en ai la tête rompue.

— Que veux-tu! repartit M. Antoine; chacun, comme on dit, prêche pour son saint, et c'est ce qu'a fait Prosper. Je me garderais bien de déprécier, à son intention, l'étude des insectes et la préparation des dépouilles d'oiseaux, comme il déprécie pour toi l'étude des plantes, car ces distractions peuvent être estimées au même degré; et d'ailleurs il n'est pas rare de voir des gens qui se livrent à l'une et à l'autre. Toutefois, quand il te dit que la botanique ne s'occupe que de choses inertes, je n'admets pas plus son raisonnement que celui des petits camarades affirmant que le botaniste se borne à apprendre et à retenir des noms.

« Outre que pour la conservation des insectes — dont je fais grand cas et dont je reconnais tout l'intérêt — le collectionneur est tenu de faire expirer un grand nombre de malheureuses créatures dans les tortures de l'empâlement; outre que le travail du préparateur et empailleur d'oiseaux donne lieu à des opérations qui ne sont pas toujours d'un attrait bien incontestable, je trouve que ton cousin se trompe fort dans ses appréciations sur le compte des plantes. Au cours de nos entretiens, n'avons-nous pas étudié, nous aussi, des formes et des transformations, des caractères, des parentés, des physionomies? N'avons-nous pas été en rapport avec les plus gracieuses, les plus élégantes créatures du monde? Des mœurs, des instincts, des industries! pense-t-il que nous aurions de grands efforts à faire pour trouver tout cela chez nos amies des champs? Continue ton étude, et le jour viendra bientôt où tu pourras prouver à ton cousin que les sujets dont tu t'occupes ne le cèdent en rien à ceux qui l'intéressent. Veux-tu que je te donne quelques exemples de ce que tu seras à même d'observer?

— Oui, monsieur Antoine.

— Je commence par un fait tout particulier d'organisation qui révèle ce que l'on peut appeler l'instinct de prévoyance. Quand reviendra le printemps, tu t'en iras au marais, et là, dans les flaques d'eau du bord, tu pourras voir une petite plante qui végète immergée, simplement formée d'un léger fouillis de branchages verts, délicats comme des *chevelus* de racines. De-ci de-là cependant, sur ces ramillons, tu pourras voir de menus globules, que tu prendrais volontiers pour des graines, dont ils ont un peu l'aspect, mais qui n'en sont nullement, ce que tu pourras aisément vérifier : car, en les écrasant entre tes doigts, tu n'y trouveras rien de l'organisation ordinaire des graines. Si tu examines de près ces globules, tu verras que ce sont des espèces de petites bourses ouvertes sur un point, où elles s'effilent un peu ; l'ouverture est bordée de quatre petits pinceaux de poils, qui semblent sortir de là comme les pattes sortent de la carapace recourbée d'une crevette de rivière hors de l'eau (fig. 187).

« Que font là ces globules, ces boursettes?

« Dans la jeunesse de la plante, ces globules sont pleins d'une sorte de matière épaisse, plus lourde que l'eau, qui par son poids retient la plante au fond. Mais vers l'époque où la floraison de la plante doit avoir

13

lieu hors de l'eau, la plante distille un gaz qui, chassant
la matière épaisse de l'intérieur des globules, en prend
la place et transforme ces globules en autant de petites
vessies légères, qui, soulevant lentement la plante, la
font flotter à la surface de l'eau. Alors une tige s'élève,
au sommet de laquelle naissent six ou huit jolies fleurettes jaunes, légèrement rayées ou tachées de rouge-

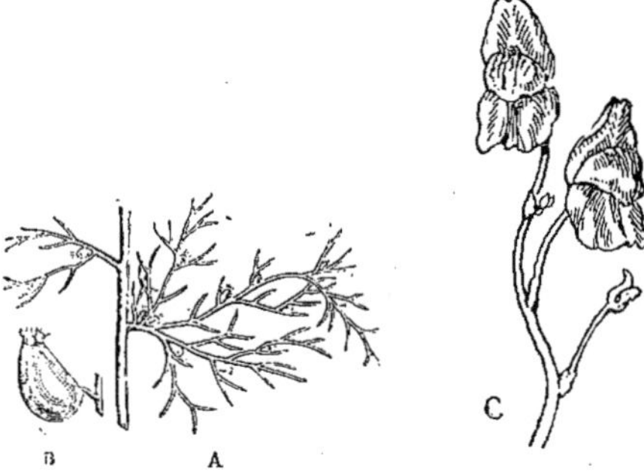

Fig. 187. — Utriculaire.

A, portion de la tige. — B, utricule grossie. — C, deux fleurs.

orange, qui ont un peu l'aspect des petites gueules-de-
loup de la famille des personnées. Elles sont d'ailleurs
reconnaissables à cette particularité qu'elles n'ont que
deux étamines attachées à leur lèvre supérieure. La
floraison achevée, les graines qui lui succèdent devant
mûrir au fond de l'eau et s'y semer pour propager
d'autres plantes semblables, voici ce qui arrive : Dès
que les pétales se sont flétris sur le calice, qui alors
contient le germe des graines dans l'ovaire, les bour-

settes, ou — pour les appeler du nom que leur ont donné les botanistes — les *utricules* (petites outres), d'où la plante a reçu le nom d'*utriculaire*, les utricules donc, cessant de produire, de distiller du gaz, s'emplissent de nouveau de la matière épaisse et lourde d'autrefois, et le poids revenu entraîne la plante au fond de l'eau.

« Eh bien! quand tu auras pu observer par toi-même ce curieux petit phénomène, et que tu le décriras à ton cousin, crois-tu qu'il en pourra nier le caractère intéressant?

« Pour voir quelque chose d'analogue chez une plante terrestre, tu tâcheras de trouver, l'an prochain, — ce qui ne te sera pas difficile, — une charmante fleurette que les botanistes ont appelée *polygala* (de deux mots grecs qui signifient *beaucoup de lait,* parce que, dit-on, les vaches ou brebis qui mangent ce végétal donnent du lait en plus grande quantité). Ce polygala, qui d'ailleurs donne son nom à une famille dont il est le seul représentant dans nos pays (famille des *polygalacées*), est un être essentiellement délicat et gracieux (fig. 188). Tout petit, tout modeste, il porte, le long de sa tige assez frêle, des fleurs roses ou violettes ayant l'aspect d'une chose qui va s'envoler. Languetées au milieu, elles sont placées entre deux sortes d'ailes, qui s'ouvrent comme les élytres d'un scarabée. Ce sont les folioles du calice, qui, d'abord d'un vert blême, sont aplaties sur les pétales encore pliés. Peu à peu, quand la fleur va s'épanouir, la teinte rose ou violette qu'elle doit avoir gagne les folioles vertes du calice, qui participent bientôt de la coloration des pétales. Et pendant le temps de la floraison, tout est du même ton brillant. C'est l'époque où il faut que

Fig. 188. — Polygala.

tout soit beau et coquet chez cette mignonne, qui est dans son âge de fête. Mais quand les pétales commencent à se faner, les folioles ou sépales du calice, qui ne doivent ni se flétrir ni tomber, mais recouvrir et protéger le fruit, perdent peu à peu leur vive, leur brillante coloration, et peu à peu retournent à la couleur verte, qu'elles avaient quittée comme pour aider la fleur à être plus belle. Ainsi qu'une fraîche jeune fille, la fleurette s'était parée de tous ses atours;

devenue mère de famille, elle a cru devoir prendre une mise plus modeste.

« Retournons au bord des eaux pour un exemple de curieuse organisation. Là-bas, où la petite rivière est à la fois profonde et lente, tu pourras voir flotter à la surface de larges feuilles d'un vert lustré, qui forment par leur ensemble un vaste tapis, où se posent les demoiselles aux ailes transparentes et où

Fig. 189. — Nénuphar blanc.

seprélassent les grenouilles prenant le soleil. Un moment vient où sur divers points de ce tapis vert sortent de l'eau de gros boutons, qui ne tardent pas à s'ouvrir pour montrer l'une de nos plus belles fleurs, le *nénuphar* ou *nymphea,* grande et magnifique tulipe d'un blanc pur et d'un parfum suave, dans le cœur de laquelle se voient un grand nombre d'étamines toutes poudreuses d'un abondant pollen d'or (fig. 189).

« Si tu passes par là dans le milieu du jour, tu verras toutes ces coupes d'argent, bien dégagées de l'eau, bien ouvertes; mais si tu y retournes un peu après le coucher du soleil, tu seras étonné de n'en plus apercevoir aucune. Et tu t'en iras pensant qu'un amateur de belles fleurs est venu les cueillir. Erreur. Reviens à la première heure du matin, et tu verras toutes les blanches baigneuses de la veille occupées à sortir de l'eau, où elles sont restées plongées durant la nuit.

« Alors, comme tu te rappelles avoir vu dans l'intérieur de ces tulipes d'albâtre de nombreuses étamines poudreuses d'un pollen bien sec, bien farineux, tu te diras : « Mais tout cela doit être délayé en bouillie ! » Et comme nous nous sommes un jour occupés, je crois, du rôle du pollen, tu en concluras que tout ce bel ordre doit être dérangé par le fait de l'eau qui a inondé les organes de la fleur. Erreur encore, mon cher enfant. Tu as certainement entendu parler d'un nommé Gribouille, qui un jour de pluie se jeta dans l'eau de peur d'être mouillé. Eh bien ! toute révérence gardée pour ces fleurs majestueuses, l'on pourrait voir en elles autant de Gribouilles qui, sans niaiserie aucune, se sont livrées à une opération qui a pour but de se servir de l'eau pour se garer de la mouillure. Raisonnons.

« Pourquoi les fleurs du nénuphar, plante aquatique, se cachent-elles dans l'eau pendant la nuit? Parce que pendant la nuit ordinairement tombe la rosée, qui, mouillant le pollen, en ferait, comme nous disions tout à l'heure, une bouillie, et en outre dissoudrait le miel des pistils. Que te semble-t-il de cette plante, vivant dans l'eau, qui redoute pour ses fleurs le contact de la rosée ?... Aussi qu'arrive-t-il ? Que ces belles dames blanches ont leurs nombreux pétales arrangés de telle façon qu'en se refermant sur eux-mêmes, quand la tige qui les porte les ramène vers le fond, la pression de l'eau les applique si méthodiquement, si hermétiquement l'un sur l'autre, qu'emprisonnant un certain volume d'air dans le cœur de la fleur, ils la préservent absolument de toute pénétration de l'eau.

« Si tu veux avoir une idée de ce mécanisme, approche-toi de l'une de ces fleurs épanouies (fig. 190), et, à l'aide d'une baguette que tu glisseras par-dessous, appuie sur la tige qui porte la fleur, pour faire rentrer celle-ci dans l'eau, et, autant de fois que tu le désireras tu verras les pétales se refermer et se rouvrir, en ne permettant jamais à l'eau de pénétrer à l'intérieur.

« Je ne veux pas quitter ce même nénuphar sans te signaler une particularité qui le concerne et qui, sans s'expliquer physiquement pour nous, ne laisse pas, me semble-t-il, de mériter que nous la remarquions.

« Le nénuphar a pour racine une grosse et longue souche brune, noueuse, un *rhizome*, qui se pose au fond des étangs ou des rivières. De chacun des nœuds de cette souche sortent en même temps des radicules qui s'enfoncent dans le limon, et des feuilles que des tiges — des *pétioles* — plus ou moins longues, selon la profondeur de l'eau, apportent peu à peu à la surface, où elles s'étalent. D'abord roulées sur elles-mêmes, ces feuilles offrent la forme d'un fer de lance à deux oreillettes ; elles se déroulent et acquièrent de la grandeur à mesure qu'elles s'élèvent.

« Les feuilles destinées à remplacer celles qui sont restées sur l'eau pendant toute la belle saison sortent de la racine aux premiers jours d'automne, et restent très petites et totalement roulées, pendant les quatre ou cinq mois qui suivent. Aux approches des beaux jours, elles commencent à grandir et à se dérouler ; le pétiole, d'abord à peine sensible, monte insensiblement, à mesure que le temps devient plus chaud, et elles sont aussi précoces ou aussi tardives que le sont les chaleurs. Si l'on ne voit pas le nénuphar en profiter tout à fait, c'est-à-dire pousser ses feuilles hors de l'eau, on peut conclure avec lui qu'un retour de froid est encore à craindre. Si, au contraire, sous l'effet du radoucissement atmosphérique, le nénuphar allonge de plus en plus le pétiole de ses feuilles, on est assuré que l'on peut en toute confiance exposer au grand air les plantes auxquelles le moindre degré de froid pourrait être funeste, — et notamment les orangers.

« Les jardiniers expérimentés le savent si bien, que jamais ils ne hasardent les orangers hors de la serre avant d'avoir vu le nénuphar étaler ses feuilles sur l'eau des bassins ou des rivières.

« Nos campagnards attribuent, d'ailleurs, le même

Fig. 190. — « Approche-toi d'une de ces fleurs... »

don de prévision à la floraison d'un charmant arbrisseau, l'aubépine :

Quand blanche épine ouvre sa fleur,
Du gel ne garde plus frayeur,

disent-ils, et ils affirment qu'il n'y a pas d'exemple que *blanche épine* se soit trompée.

« Peut-être un jour verras-tu dans nos rivières du centre de la France certaine plante longue et flottante qu'on appelle la *vallisnerie*. Celle-là, comme le chanvre, le houblon, dont nous avons parlé un jour, a des pieds ne portant que des fleurs à pistils, et d'autres ne portant que des fleurs à étamines. Quand vient le moment de la floraison ; quand les tiges sur lesquelles naissent les fleurs ont élevé celles-ci au-dessus de l'eau, il arrive que les fleurs à étamines se détachent de leurs tiges et s'en vont, poussées par les courants ou par les vents, pour tâcher de rencontrer les fleurs à pistils et leur communiquer leur pollen.

« Au cours de la belle saison prochaine, tu pourras voir fleurir sur les murs — ou plutôt ne disons pas sur les murs, mais dans les fentes des murs — une très jolie petite *linaire* (de la famille des *personnées*) que les botanistes nomment *cymbalaire*, sans doute à cause de ses feuilles arrondies qui tapissent d'un vert doux les pierres sur lesquelles elles pendent. (On l'utilise d'ailleurs pour des vases à suspendre aux fenêtres, aux rosaces des plafonds.) La fleur, toute mignonne, se présente retroussant deux petites lèvres d'un violet pâle, qui semblent retenir deux perles d'or.

« Si l'idée te venait de recueillir quelques graines de cette plante, dont les tiges pendantes sont d'un très bel effet dans une des *suspensions* dont je viens de parler, ne t'avise pas de les demander aux capsules ou petites boîtes où elles se sont formées, car les capsules mûres seraient vides, et dans les autres tu ne trouverais que des graines encore vertes; mais soulève les touffes de feuilles, regarde dans les fentes du mur qu'elles recouvraient, et il te semblera que quelqu'un soit venu jeter dans ces fentes des pincées de poudre de chasse.

« Ce sont là les graines que tu cherches. Les capsules, sur le point de s'ouvrir pour répandre les graines, sont allées les fourrer d'elles-mêmes au plus profond du creux, parce que non seulement là se trouve l'humus léger qui convient à leur prochaine germination, mais encore parce que, si elles étaient tombées au pied du mur et qu'elles eussent germé sur le sol ordinaire, la plante, au lieu de vivre comme elle a coutume de faire, en guirlandes suspendues et entourées d'air de tous côtés, aurait été condamnée à ramper, — ce qui n'est pas dans ses instincts; — car, n'en déplaise à ceux qui veulent voir dans les plantes des choses inertes, il y a chez elles une existence réelle, qui se traduit par toutes

Fig. 191. — Les Héliades pleurant Phaéton.

sortes de véritables sentiments. Ces sentiments, qui semblent absolument analogues à ceux des animaux, sont autant de sujets d'études intéressantes pour les esprits qui aiment à observer.

« Pendant que tu seras auprès des vieux murs, à la recherche de la petite *linaire cymbalaire,* que tu ne trouveras guère qu'aux parois ensoleillées, je t'engagerai à tâcher de découvrir aussi, mais du côté plus ombreux, une plante qui appartient à la famille des orties (*urticées*) et qui offre cette particularité que sur la même tige se trouvent des fleurs n'ayant que des pistils, d'autres n'ayant que des étamines, et d'autres enfin ayant à la fois pistils et étamines, toutes d'ailleurs sans corolle proprement dite. Cette plante, enracinée dans les fentes mêmes des murs, mais généralement aux endroits où ces murs sont humides, forme là d'épaisses touffes au feuillage luisant, d'un vert clair. On la nomme, du reste, *pariétaire* (du latin *paries,* muraille). Or, comme les fleurs à étamines sont beaucoup moins nombreuses que les autres et peuvent être éloignées des fleurs à pistils, rien n'est curieux comme le moyen qu'emploient les fleurs à étamines pour que le pollen qu'elles portent aille sur les fleurs à pistils. Les étamines, au nombre de quatre, sont repliées sur elles-mêmes comme un doigt fermé sur une main; leurs quatre petits sachets à poussière, se trouvant ainsi rapprochés, forment une sorte de rosace sur le centre de la fleur. A un moment donné, c'est-à-dire quand le pollen est bien mûr, les quatre petits doigts repliés se redressent subitement, comme par l'action d'un ressort, et il en résulte une espèce de chiquenaude qui, dans la secousse qu'elle donne, lance violemment le pollen aux alentours. On dirait un petit coup de pistolet, dont on verrait la fumée sans en entendre le bruit.

« Quand les choses se passent naturellement, ces distensions de ressorts se produisent à des intervalles plus ou moins rapprochés. Si donc tu voulais voir la chose, tu risquerais d'attendre longtemps ; mais pour en avoir le curieux spectacle, il te sera facile de le provoquer, en touchant avec la pointe d'une épingle l'une ou l'autre des quatre étamines ; sous ce contact, qui sans doute les irrite, elles se redresseront vivement en faisant poudroyer leur petit nuage de pollen.

« L'irritation des étamines dont je te parle ici est aussi fort sensible dans les fleurs d'un de nos jolis arbrisseaux buissonnants, l'*épine-vinette,* que l'on reconnaît à ses feuilles d'un vert pâle légèrement dentelées, d'une saveur aigrelette, et qui en automne porte de mignonnes grappes de petits fruits allongés d'un rouge de corail. Au printemps, quand l'épine-vinette est fleurie, si l'on touche telle ou telle des étamines, on voit cette étamine se jeter de côté, comme pour éviter l'attouchement.

« Après les fleurs qui s'ingénient pour répandre le mieux possible leur pollen, tu pourras en observer beaucoup qui semblent se préoccuper avec une attention toute particulière des conditions favorables au semis ou à la germination des graines qui doivent perpétuer leur espèce. Je te citerai, par exemple, la *balsamine des jardins,* qui, lorsque ses graines sont mûres, au lieu de les cacher, à la façon de la petite linaire, dans des trous de murs, ouvre ses capsules avec une sorte de contraction nerveuse qui fait que les graines qu'elle contient se trouvent lancées dans toutes les directions, très loin du lieu où elles sont nées.

« Si jamais tu vas dans certains pays chauds, tu pourras y voir une plante de la famille des papilionacées, que l'on cultive pour avoir les espèces d'amandes qu'elle produit et dont on tire une huile excellente. Les botanistes l'appellent *arachide hypogée* (ce dernier nom fait de deux mots grecs : *hypo,* sous, et *gé,* terre), mais elle est vulgairement connue sous le nom de *pistache de terre*. Quand la floraison de cette plante est achevée, la tige qui porte le jeune fruit, au lieu de le présenter au soleil, comme la plupart des autres plantes, se courbe au contraire vers le sol, où elle pénètre profondément et où elle enfouit l'espèce de petite coque qui contient la graine (fig. 192). Cette graine mûrit par conséquent dans la terre et se trouve ainsi toute semée pour l'année d'ensuite.

14

« Un dernier exemple de ce que je crois pouvoir appeler la sagesse maternelle des plantes.

« Il y avait jadis dans le populaire une sorte de légende sur une plante connue sous le nom vulgaire de *rose de Jéricho*, et qui, disait-on, avait pour faculté de s'épanouir, toute desséchée qu'elle était, quand on

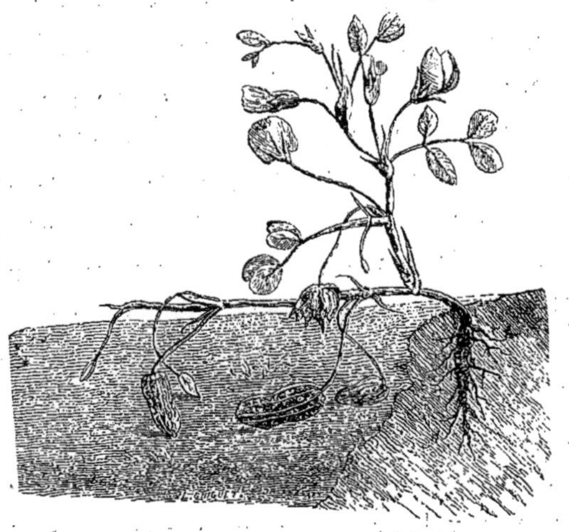

Fig. 192. — Arachide ou pistache de terre.

la mettait dans l'eau aux jours de grandes fêtes chrétiennes.

« Cette plante, qui croît, en effet, dans les terrains arides de la Palestine, nous est apportée sous la forme d'une sorte de petite touffe arrondie, composée de branchages grisâtres crispés les uns sur les autres, audessus d'une racine pivotante dénudée, qui représente

FIG. 193. — La rose de Jéricho (*anastatica hierocuntica*).

la tige de cette prétendue rose (fig. 193). Si l'on fait plonger dans l'eau cette tige, l'on voit au bout d'un certain temps les branchages s'écarter peu à peu ; et l'ensemble de la touffe semble s'épanouir comme feraient les pétales d'une rose écartant le calice du bouton ; mais en réalité il n'y a là ni feuilles ni pétales. L'analogie avec la rose se réduit à la disposition des ramillons grisâtres, qui s'espacent légèrement en montrant des espèces de petites capsules dures qui y sont attachées.

« Cette rose n'est pas une rose : c'est l'*anastatica hierocuntica* des botanistes, de la famille des *crucifères*. Elle croît dans les sables de Palestine et de Syrie ; quand, après avoir fleuri, — petites fleurs blanches à quatre pétales, — elle a mûri ses graines, les tiges qui portent les capsules où sont ces graines se dessèchent, se contractent sur ces graines mêmes, et, la racine cessant d'adhérer au sol, les vents roulent ces plantes en forme de boules à travers les déserts.

« Or ces tiges desséchées, fortement resserrées, gardent précieusement au milieu d'elles les graines, qui seraient perdues si elles se trouvaient jetées sur les sables brûlants. Mais que la boule, roulée par le vent, vienne à rencontrer un endroit humide, où elle s'arrête, comme ses tiges sont très hygrométriques, c'est-à-dire très facilement pénétrables par l'humidité, elles s'amollissent, se gonflent, s'écartent, s'entr'ouvrent et laissent échapper les graines, qui — autre particularité bien

remarquable — germent presque aussitôt, de façon à
être enracinées dans le peu de temps que doit peut-
être durer l'état humide du point où elles sont tombées.

« Voilà comment s'explique que quand on met dans
l'eau ces petites boules desséchées, elles semblent
s'épanouir, ce qui a donné lieu à la vieille légende
populaire. Et si poétique que puisse être cette légende, je ne trouve pas moins intéressant le phénomène réel de cette plante, morte en quelque sorte,
qui n'abandonne ses graines vivantes que lorsqu'elles
sont dans un endroit présentant pour elles de bonnes
conditions d'existence.

« Je pourrais t'indiquer bien d'autres curieuses
observations à faire sur la vie, le caractère, les mœurs
des plantes. Je crois t'en avoir assez dit pour qu'à
l'occasion tu sois en état de répondre aux critiques de
l'étude que nous avons faite ensemble, et que certainement tu continueras en y trouvant un intérêt toujours plus vif.

« J'ajouterai cependant que, tout en t'occupant des
plantes en botaniste, en observateur attentif des détails
de leur vie, tu pourras aussi trouver quelque plaisir à
recueillir les souvenirs historiques ou légendaires qui
s'attachent à beaucoup d'entre elles. Par exemple, au
cours de nos entretiens, nous avons parlé de quelques
plantes qui furent l'objet de certaines superstitions,
comme la verveine. Quand tu verras sur certains ar-

FIG. 194. — L'aubépin du cimetière des Innocents.

bres certaines branches portant des touffes vertes d'un aspect tout particulier, tu seras en présence d'une plante parasite appelée le gui, dont le mode de végétation est des plus singuliers et qui fut en grand honneur chez nos ancêtres les Gaulois. La considérant comme une plante sacrée, ils la cueillaient à certaine époque de l'année avec des cérémonies solennelles (fig. 186).

Quand tu écouteras, assis dans une prairie, l'espèce de murmure plaintif des grands peupliers, tu pourras te rappeler que l'ancienne mythologie voulait voir dans ces beaux arbres de tendres sœurs gémissant sur la perte d'un malheureux frère (fig. 191) : les Héliades, filles d'Apollon, changées en peupliers après la mort de leur frère Phaéton, foudroyé par Jupiter, le jour où, voulant conduire le char du Soleil, il allait incendier l'univers. Tu te souviendras aussi que les Romains considéraient cet arbre, au feuillage très mobile et très bruyant, comme un emblème du peuple, dont ils lui avaient d'ailleurs donné le nom (*populus*) : d'où vient que chez nous, lorsqu'on plante ce qu'on appelle un arbre de liberté, c'est ordinairement un peuplier que l'on choisit.

« Quand tu verras, au printemps, fleurir l'aubépine, — qui, nous le disions tantôt, ne s'aventure jamais à ouvrir ses calices tant que la gelée peut être redoutée, — tu pourras te souvenir qu'en l'un des plus tristes

jours de notre histoire, vers la fin du mois d'août 1572,
c'est-à-dire à l'époque du terrible massacre qui a reçu,
du jour où il eut lieu, le nom de Saint-Barthélemy,
un aubépin presque desséché qui se trouvait dans le
cimetière des Innocents, à Paris, se couvrit soudain
de fleurs ; en quoi l'on voulut voir une sorte de pro-
dige, que les deux partis alors en guerre interprétèrent
chacun à sa manière. Le roi, qui avait ordonné le
massacre des protestants, s'en alla, suivi de sa cour
(fig. 194), visiter cet arbrisseau, et les gens de son
entourage disaient que le Ciel approuvait ainsi le
sanglant mais nécessaire événement, tandis que les
protestants affirmaient, au contraire, que cette floraison
insolite proclamait l'*innocence* et la glorification des
victimes.

« Quand, au bord des étangs ou des ruisseaux, tu
verras foisonner les touffes de myosotis aux corolles
d'un bleu si doux, tu pourras te rappeler que la gracieuse légende germanique de cette fleur fut populari-
sée en France par le plus fougueux de nos orateurs.
Voici, en effet, ce qu'on lit dans une lettre de Mira-
beau : « J'ai entendu raconter en Allemagne que deux
« jeunes fiancés, à la veille de s'unir, se promenaient
« sur les bords du Danube. Une fleur d'un bleu céleste
« se balance sur les vagues, qui semblent près de l'en-
« traîner. La jeune fille admire son éclat et plaint sa
« destinée. Aussitôt le jeune homme se précipite et,

Fig. 195. — La légende du myosotis.

« pour saisir la tige fleurie, tombe englouti dans les
« flots. On dit que, par un dernier effort, il jeta la
« fleur sur le rivage (fig. 195), et qu'au moment de
« disparaître, il répétait : *Aimez-moi, ne m'oubliez*
« *pas!* »

« Un autre jour, si tu veux, nous nous entretien-
drons d'un conseil que j'ai encore à te donner.

— Volontiers, » dis-je. Et je quittai M. Antoine.

XX

CONSEIL

« Le conseil que j'ai à te donner, me dit M. Antoine, — à qui je ne tardai pas d'aller rappeler sa promesse, — c'est de créer ce que les botanistes appellent un *herbier*.

« Ton cousin Prosper, qui étudie les insectes, fait collection des sujets rapportés de ses chasses; il les épingle, les fixe dans des cadres, par groupes, par familles, par genres, par espèces, qu'il accompagne d'étiquettes et qui sont pour lui des aide-mémoire. Toi, qui veux étudier les plantes, tu devras faire un travail analogue, qui aura pour toi un double intérêt : d'abord l'herbier remettra sous tes yeux, dès que tu le désireras, les spécimens (on dit les *échantillons*) des plantes que tu auras appris à connaître; et en outre il te sera un charmant mémento des excursions que tu auras faites en *herborisant,* — car une fois bien entré dans la pratique de cette étude, tu seras toujours tenté de te mettre à la recherche de nouveaux sujets, — et quand tu reverras, conservée dans ton herbier, telle ou telle plante, tu t'apercevras que les moindres circonstances du jour où tu l'as trouvée renaîtront dans ton souvenir; et ainsi l'album de plantes deviendra pour toi une sorte de journal tout plein de notes intimes. Il est donc indispensable que tu formes un herbier.

— Je crois comprendre, en effet, dis-je, tout l'intérêt qui peut s'attacher à une collection de plantes qu'on a découvertes et conservées soi-même. Mais, je vous prie, monsieur Antoine, comment s'y prend-on pour faire un herbier? »

Avant de me répondre, M. Antoine prit sur sa table un petit volume, qu'il ouvrit, et mettant le doigt sur une page :

« Là, me dit-il, un de nos plus célèbres écrivains, qui fut passionné de botanique et qui a laissé de charmantes pages sur l'étude des plantes, Jean-Jacques Rousseau, a décrit en détail la marche à suivre pour la création d'un herbier. Comme il est impossible d'expliquer mieux les choses, emporte le volume, pour lire attentivement les instructions qui y sont contenues. Tu me le rendras quand tu penseras les avoir bien comprises. »

J'emportai, en effet, le livre, et pour être sûr de ne

rien perdre des enseignements du célèbre écrivain, je copiai le passage que m'avait indiqué M. Antoine. J'ai gardé cette copie; je la reproduis ici :

« Il y a d'abord une provision à faire, savoir : cinq ou six mains de papier gris, sans colle (buvard), et à peu près autant de papier blanc, de même grandeur, assez fort et bien collé, sans quoi les plantes se pourriraient dans le papier gris, ou du moins les fleurs y perdraient leur couleur, ce qui est une des parties qui les rendent reconnaissables et par lesquelles un herbier est agréable à voir. Il serait encore à désirer que vous eussiez une presse de la grandeur de votre papier, ou du moins deux bouts de planches bien unies, de manière qu'en plaçant vos feuilles entre deux, vous les y puissiez tenir pressées par les pierres ou autres corps pesants dont vous chargerez la planche supérieure. Ces préparatifs faits, voici ce qu'il faut observer pour préparer vos plantes de manière à les conserver et les reconnaître.

« Le moment à choisir pour cela est celui où la plante est en pleine fleur, et où même quelques fleurs commencent à tomber, pour faire place au fruit qui commence à paraître. C'est dans ce point, où toutes les parties de la fructification sont sensibles, qu'il faut tâcher de prendre la plante, pour la dessécher en cet état.

« Les petites plantes se prennent tout entières avec

leurs racines, qu'on a soin de bien nettoyer avec une brosse, afin qu'il n'y reste point de terre. Si la terre est mouillée, on la laisse sécher pour la brosser, ou bien on lave la racine; mais il faut avoir alors la plus grande attention de la bien essuyer et dessécher avant de la mettre entre les papiers, sans quoi elle s'y pourrirait infailliblement et communiquerait sa pourriture aux autres plantes voisines. Il ne faut cependant s'obstiner à conserver les racines qu'autant qu'elles ont quelques singularités remarquables; car, dans le plus grand nombre, les racines ramifiées et fibreuses ont des formes si semblables, que ce n'est pas la peine de les conserver. La nature, qui a tant fait pour l'élégance et l'ornement dans la figure et la couleur des plantes, en ce qui frappe les yeux, a destiné les racines uniquement aux fonctions utiles, puisque, étant cachées dans la terre, leur donner une structure agréable eût été cacher la lumière sous le boisseau.

« Les arbres et toutes les grandes plantes ne se prennent que par échantillon; mais il faut que cet échantillon soit si bien choisi, qu'il contienne toutes les parties constitutives du genre et de l'espèce, afin qu'il puisse suffire pour reconnaître et déterminer la plante qui l'a fourni. Il ne suffit pas que toutes les parties de la fructification y soient sensibles, ce qui ne servirait qu'à distinguer le genre; il faut qu'on y voie bien le caractère de la foliation et de la ramification, c'est-à-dire la naissance et la forme des feuilles et des branches, et même, autant qu'il se peut, quelque portion de la tige; car, comme vous verrez dans la suite, tout cela sert à distinguer les espèces différentes des mêmes genres, qui sont parfaitement semblables par la fleur et le fruit. Si les branches sont trop épaisses, on les amincit avec un couteau ou canif, en diminuant adroitement par-dessous de leur épaisseur, autant que cela se peut, sans couper et mutiler les feuilles. Il y a des botanistes qui ont la patience de fendre l'écorce de la branche et d'en tirer adroitement le bois, de façon que l'écorce rejointe paraît vous montrer encore la branche entière, quoique le bois n'y soit plus. Au moyen de quoi l'on n'a point entre les papiers des épaisseurs et bosses trop considérables, qui gâtent, défigurent l'herbier, et font prendre une mauvaise forme aux plantes. Dans les plantes où les fleurs et les feuilles ne viennent pas en même temps, ou naissent trop loin les unes des autres, on prend une petite branche à fleurs et une petite branche à feuilles; et, les plaçant ensemble dans le même papier, on offre ainsi à l'œil les diverses parties de la même plante, suffisantes pour la faire reconnaître. Quant aux plantes où l'on ne trouve que des feuilles, et dont la fleur n'est pas encore venue ou est déjà passée, il les faut laisser, et attendre, pour les reconnaître, qu'elles montrent leur visage. Une plante n'est pas plus sûrement reconnaissable à son feuillage qu'un homme à son habit.

« Tel est le choix qu'il faut mettre dans ce qu'on cueille; il en faut mettre aussi dans le moment qu'on prend pour cela. Les plantes cueillies le matin à la rosée, ou le soir à l'humidité, ou le jour durant la pluie, ne se conservent point. Il faut absolument choisir un temps sec, et même, dans ce temps-là, le moment le plus sec et le plus chaud de la journée, qui est en été entre onze heures du matin et cinq ou six heures du soir; encore alors, si l'on y trouve la moindre humidité, faut-il les laisser; car infailliblement elles ne se conserveront pas.

« Quand vous avez cueilli vos échantillons, vous les apportez au logis toujours bien au sec, pour les placer et arranger dans vos papiers. Pour cela, vous faites votre premier lit de deux feuilles au moins de papier gris, sur lesquelles vous placez une feuille de papier blanc, et sur cette feuille vous arrangez votre plante, prenant grand soin que toutes ses parties, surtout les feuilles et les fleurs, soient bien ouvertes et bien étendues dans leur situation naturelle. La plante un peu flétrie, mais sans l'être trop, se prête mieux pour l'ordinaire à l'arrangement qu'on lui donne sur le papier avec le pouce et les doigts. Mais il y en a de rebelles qui se grippent d'un côté pendant qu'on les arrange de l'autre. Pour prévenir cet inconvénient, j'ai des plombs, des pièces de monnaie, avec lesquels j'assujettis les parties que je viens d'arranger, tandis que j'arrange les autres ; de façon que, quand j'ai fini, ma plante se trouve presque toute couverte de ces pièces, qui la tiennent en état. Après cela on pose une seconde feuille blanche sur la première, et on la presse avec la main, afin de tenir la plante assujettie dans la situation qu'on lui a donnée, avançant ainsi la main gauche, qui presse à mesure qu'on retire avec la droite les plombs et les gros sous qui sont entre les papiers ; on met ensuite deux autres feuilles de papier gris sur la seconde feuille blanche, sans cesser un seul moment de tenir la plante assujettie, de peur qu'elle ne perde la situation qu'on lui a donnée ; sur ce papier gris on met une autre feuille blanche, sur cette feuille une plante qu'on arrange et recouvre comme ci-devant, jusqu'à ce qu'on ait placé toute la moisson qu'on a apportée, et qui ne doit pas être nombreuse pour chaque fois, tant pour éviter la longueur du travail que de peur que, durant la dessiccation des plantes, le papier ne contracte quelque humidité par leur grand nombre, ce qui gâterait infailliblement vos plantes, si vous ne vous hâtiez de les changer de papier avec les mêmes attentions ; et c'est même ce qu'il faut faire de temps en temps, jusqu'à ce qu'elles aient bien pris leur pli, et qu'elles soient toutes assez sèches.

« Votre pile de plantes et de papiers ainsi arrangée

doit être mise en presse, sans quoi les plantes se grip-
peraient; il y en a qui veulent être plus pressées,
d'autres moins; l'expérience vous apprendra cela, ainsi
qu'à les changer de papier à propos, et aussi souvent
qu'il faut, sans vous donner un travail inutile. Enfin,
quand vos plantes seront bien sèches, vous les mettrez
bien proprement chacune dans une feuille de papier,
les unes sur les autres, sans avoir besoin de papiers
intermédiaires, et vous aurez ainsi un herbier. »

Il ne reste plus qu'à inscrire sur les feuilles les noms
des plantes.

XXI

DÉPART

Quelques jours plus tard, avant même que j'eusse songé à lui réclamer le traité de botanique que je devais étudier pendant l'hiver, M. Antoine m'annonça que des arrangements de famille le forçaient à quitter le pays.

« Combien vais-je regretter que vous ne soyez plus là pour me servir à nouveau de guide, lui dis-je ; car, autant que je puis le comprendre, vous aviez encore bien des familles à me présenter. Quoique la saison soit très avancée, je vois, je rencontre un grand nombre de plantes n'ayant aucun des caractères qui me servent à en reconnaître beaucoup d'autres.

— Assurément, car sur quatre-vingts ou cent familles qui peuplent nos champs, nous n'en avons guère abordé qu'une trentaine tout au plus, et sans nous occuper de leurs subdivisions en genres et en espèces.

— Étudiant seul, je ne pourrai jamais me reconnaître dans tout cela !

— Pardon ! tu t'y reconnaîtras fort bien, répliqua M. Antoine, surtout si pendant l'hiver tu as acquis quelques notions techniques, et si, quand tu reprendras tes explorations, tu as la sagesse de ne pas vouloir aller trop vite. Il faut le temps à tout. Ce que nous avons fait ensemble t'a familiarisé avec les principes de la science. C'est beaucoup. Tu as, comme on dit, pris pied dans le pays ; c'est à toi de l'explorer patiemment. Quoi qu'il en soit, tu peux, tu dois continuer seul. J'aurais été là, que certainement je t'aurais laissé agir de toi-même à l'aide d'un livre, d'un bon livre ; et aujourd'hui les bons livres de botanique ne sont pas rares. Ce que tu auras appris seul, d'ailleurs, se gravera beaucoup mieux en toi que toutes les leçons d'un maître, parce que tu auras eu chaque jour le plaisir de la découverte. »

. . . .

Ce que M. Antoine m'avait prédit se réalisa. Après avoir, selon ses conseils, feuilleté souvent, pendant la froide saison, le livre qu'il me laissa, je me mis bravement à l'œuvre aussitôt que les premières fleurs reparurent. Je pris pour guide une bonne *flore* (on appelle ainsi un livre qui donne le tableau et les descriptions détaillées de toutes les plantes d'une localité), en tête de laquelle se trouvait, comme dans toutes les flores d'aujourd'hui, un système de questions posées de façon à conduire bientôt le chercheur au nom de la plante. Après avoir fait connaissance avec les familles, j'abordai graduellement les genres, puis les espèces, et le temps vint bientôt où les champs furent peuplés pour moi d'un grand nombre de *figures* amies, que je suis toujours très heureux d'y retrouver.

Puisse-t-il vous arriver ce qui m'arriva!

TABLE DES MATIÈRES

SOCIÉTÉ ANONYME D'IMPRIMERIE DE VILLEFRANCHE-DE-ROUERGUE.
Jules Bardoux, Directeur.